普通高等教育"十二五"部委级规划教材（高职高专）

专业认知与职业规划系列教材

专业认知与职业规划
（机电一体化类）

江苏工程职业技术学院　组织编写

丁锦宏　主编

中国纺织出版社

内 容 提 要

　　本教材是一门将专业教育、思想教育、就业教育等融为一体、帮助高职新生对所选专业进行解读的机电一体化大类专业入门教材。

　　本教材由五个专题组成，内容包括机电行业认知、机电专业认识、机电专业学习安排、专业见习和职业规划。内容涉及与专业相关的行业概况、人才培养目标、专业课程体系、专业学习方法和职业生涯规划等方面。

　　本书适合高职院校入门课程的配套教材，可供机电一体化、电气自动化、新型纺织机电技术等机电类专业使用，还可作为建筑电气、船舶电气等相关专业入门课程的配套教材。

图书在版编目（CIP）数据

专业认知与职业规划：机电一体化类 / 丁锦宏主编 .—北京：中国纺织出版社，2014.11（2022.8重印）
　　普通高等教育"十二五"部委级规划教材 . 高职高专
　　ISBN 978-7-5180-0863-6

　　Ⅰ . ①专… 　Ⅱ . ①丁… 　Ⅲ . ①机电一体化—职业选择—高等职业教育—教材 　Ⅳ . ① TH-39

中国版本图书馆 CIP 数据核字（2014）第 180971 号

责任编辑：范雨昕 　责任校对：梁 颖
责任设计：何 建 　责任印制：何 建

中国纺织出版社出版发行
地址：北京市朝阳区百子湾东里A407号楼 　邮政编码：100124
销售电话：010 — 67004461 　传真：010 — 87155801
http://www.c-textilep.com
中国纺织出版社天猫旗舰店
官方微博 http://weibo.com/2119887771
北京虎彩文化传播有限公司印刷 　各地新华书店经销
2014年11月第1版 　2022年8月第6次印刷
开本：787×1092 　1/16 　印张：8.5
字数：150千字 　定价：28.00元

凡购本书，如有缺页、倒页、脱页，由本社图书营销中心调换

编　委　会

出版者的话

《国家中长期教育改革和发展规划纲要》(简称《纲要》)中提出"要大力发展职业教育"。职业教育要"把提高质量作为重点。以服务为宗旨,以就业为导向,推进教育教学改革。实行工学结合、校企合作、顶岗实习的人才培养模式"。为全面贯彻落实《纲要》,中国纺织服装教育学会协同中国纺织出版社,认真组织制订"十二五"部委级教材规划,组织专家对各院校上报的"十二五"规划教材选题进行认真评选,力求使教材出版与教学改革和课程建设发展相适应,并对项目式教学模式的配套教材进行了探索,充分体现职业技能培养的特点。在教材的编写上重视实践和实训环节内容,使教材内容具有以下三个特点:

(1)围绕一个核心——育人目标。根据教育规律和课程设置特点,从培养学生学习兴趣和提高职业技能入手,教材内容围绕生产实际和教学需要展开,形式上力求突出重点,强调实践。附有课程设置指导,并于章首介绍本章知识点、重点、难点及专业技能,章后附形式多样的思考题等,提高教材的可读性,增加学生学习兴趣和自学能力。

(2)突出一个环节——实践环节。教材出版突出高职教育和应用性学科的特点,注重理论与生产实践的结合,有针对性地设置教材内容,增加实践、实验内容,并通过多媒体等形式,直观反映生产实践的最新成果。

(3)实现一个立体——开发立体化教材体系。充分利用现代教育技术手段,构建数字教育资源平台,开发教学课件、音像制品、素材库、试题库等多种立体化的配套教材,以直观的形式和丰富的表达充分展现教学内容。

教材出版是教育发展中的重要组成部分,为出版高质量的教材,出版社严格甄选作者,组织专家评审,并对出版全过程进行跟踪,及时了解教材编写进度、编写质量,力求做到作者权威、编辑专业、审读严格、精品出版。我们愿与院校一起,共同探讨、完善教材出版,不断推出精品教材,以适应我国职业教育的发展要求。

中国纺织出版社
教材出版中心

校长寄语

　　新生们告别紧张繁忙的中学生活的同时，也踏上了接受高等职业教育的新里程，开始了职业技能和职业素质训练的新生活。准备迎接未来社会生活，特别是职业生活的挑战，这其中，最基本的技能便是进行专业认知与职业规划。

　　作为高职院校的一名新生，进入大学后，特别渴望了解所选专业的几个主要问题，即这个专业都教授什么？学了以后有什么用？应该怎么学，未来如何运用？将来可以做什么，能够做什么？也就是说，将来可以从事何种职业、有何职业选择与成就、今后的发展如何等。这些问题，事关高职学生将来的事业发展与自身成长，自然会引起同学们的高度重视。

　　"专业建设无疑是高职学校内涵建设的核心内容，也是高职学校建设和发展的立足点。……学校设置一个专业，首先应该明确开设的理由（社会需求）、人才培养的规格（办学定位）、育人的软硬件条件（培养能力）以及专业发展未来的愿景（规划目标）。……学生进入这样的专业，一年级时挖掘出职业乐趣，期待成为毕业生；二年级时建立职业认同感，渴望成为从业者；三年级时形成职业归属感，立志成为行业企业接班人。……专业、学校会是他们一生的平台。"（范唯语）

　　在高职学校办学与学生择业竞争激烈的今天，作为教师，我们应该精心考量"专业如何与产业对接？如何健康成长、可持续发展而不是短命低效"等问题，还应该深思"专业如何具备行业气质？如何成为学生就业的引擎"的发问；作为学生，应该思索"这个专业能够给我带来什么？我的将来在哪里"。

　　专业与产业、行业、职业、事业是紧密联系的，专业与知识、技术、能力、素质也是不可分割的。从某种意义上说，选择了什么专业，就选择了什么样的工作岗位、生活方向、人生航道。正因为如此，我们必须懂得自己所走的这条道路通向何方，必须规划好未来的航程。尽管形势或生活的变化可能带来一定的微调，但从专业中所获取的精神与态度、风骨与品格、眼光与境界是相伴我们终生的。

　　人的一生中最重要的是选择、认知与规划。选择是取舍，是走哪条路的问题；认知是了解，是明确什么路、路上有什么的问题；规划则是具体设计方案，是怎么走、怎么到达的问题。认知、选择与规划是相辅相成的。选择了什么专业，就基本确定了职业方位，接下来就是要在总体了解和认知的基础上，进行精心筹划，确定实施方法和策略，并付诸行动，一场人生战役就此打响，这就是人生"凯旋"的基本步骤。而学业则是从专业到达职业彼岸的一叶扁舟。因此，专业认知也好，职业规划也罢，其关键点在于学业。学业精通与否，决定了职业规划实现的高度、宽度与长度，从而也决定了人一生的厚度与精度。

为了灿烂的前景与正确的前行方向，请准确认知与从容规划，并且勤学苦练。希望我院组织编写、出版的这套"专业认知与职业规划系列教材"能够从源头上提高同学们对专业的认同感，增强学习的积极性和主动性，帮助大家设计好自己的学业规划。

最后，预祝新生们通过几年的努力学习，能够顺利走向职场，实现自己的人生目标！

江苏工程职业技术学院院长 王毅

二〇一四年六月

前言

　　为深入贯彻落实教育部《关于全面提高高等职业教育教学质量的若干意见》(教高[2006]16号)精神，适应当前高等职业教育教学改革需要，针对学生对专业缺乏认识的现状，加强和改进对高职新生的专业认知与职业规划启蒙教育，增强学生专业学习的信心，科学规划自身发展，建设一门"专业认知与职业规划"课程，以帮助学生认识专业，更好地为自身职业规划打下良好的基础。

　　全书共有五个专题，即机电行业认知、机电专业认识、机电专业学习安排、专业见习及职业规划。

　　教材立足于帮助高职相关专业的新生正确认识所学专业性质、明确专业学习目标、激发专业学习动力、掌握专业学习方法、科学规划未来职业。在内容的选择上，突出让学生感知未来就业岗位，紧密联系实际生活；在内容结构的安排上力求简明、合理。

　　本教材既适合作为高职院校机电一体化技术、电气自动化技术和新型纺织机电技术等机电一体化类专业的教材，又可作为大学本科相关和相近专业的入学教育用书。

　　本教材的编写分工如下：专题一由江苏工程职业技术学院丁锦宏编写，专题二由江苏工程职业技术学院陈群编写，专题三由江苏工程职业技术学院李智明编写，专题四由江苏工程职业技术学院胡志刚、梁海峰编写，专题五由江苏工程职业技术学院孙兵编写，全书由丁锦宏负责总纂和统稿。

　　在本书的编写过程中，得到了江苏东源电器集团、南通天擎机械有限公司、南通富士特电力自动化有限公司的大力支持，他们对教材的框架体系、内容安排提出了许多宝贵意见。同时，在编写过程中编者也参阅了相关文献，在此表示衷心的感谢。

　　由于编者水平所限，书中如有不足之处，敬请读者批评指正，以便修订时改进。如读者在使用本书的过程中有其他意见或建议，恳请向编者提出。

编者

2014年8月

☞ 课程设置指导

课程名称：专业认知与职业规划

适用专业：机电一体化技术

　　　　　　电气自动化技术

　　　　　　新型纺织机电技术

总 学 时：24

课程定位

　　本教材适用于机电一体化技术、电气自动化和新型纺织机电技术等三个专业，是一门将专业教育、思想教育、就业教育等融为一体、帮助高职新生对所选专业进行解读的机电一体化大类专业入门课程，为专业必修课程。

课程目标

　　通过本课程的学习，使学生了解自己所学专业方向及相关专业的行业概况，深化学生对所从事专业的认识和理解，明确自己就读专业方向的人才培养定位、主要课程、主要就业去向以及在专业技能方面应该具备的基本知识和能力。同时，学会依据社会发展、职业需求和个人特点进行职业生涯规划，全面提高自身素质，提高自主择业、创业的能动性，更好地安排自己的大学生活。

课程教学的基本要求

　　在教学过程中应立足于加强学生对机电一体化专业认知和职业规划能力的培养，通过学习，不断提高学生的学习兴趣，激发学生的成功的潜能。将教师讲解、学生讨论互动与教师解答指导有机结合，在"教"与"学"的过程中，不断提高学生对专业的认识。通过网络课堂培养学生的自学能力，通过撰写参观报告和职业规划等方式，培养学生的口头表达能力和书面表达能力。

　　课程考核关注评价的多元性，结合提问、讨论、汇报、完成任务书、网络课堂答题等多种方式，完成本课程的考核。考核成绩由平时成绩、企业参观考察报告成绩和职业规划报告成绩三部分组成。

课程的教学内容学时分配

本课程由五个专题组成，以专题讲座、现场参观的形式进行教学。

序号	学习专题	学习内容	学时分配
1	机电行业认知	一、机电行业主要技术	1
		二、行业发展影响因素与经济形势	1
		三、机电行业工作环境与职业道路	1
		四、机电行业就业前景	1
		五、成功人士启示	1
2	机电专业认识	一、高等职业技术教育特点	1
		二、专业教育与通识教育	1
		三、机电专业与相关专业之间的关系	1
		四、专业人才培养目标与人才素质要求	1
3	机电专业学习安排	一、人才培养模式	1
		二、专业课程体系	1
		三、专业学习资源	1
		四、专业学习原理与学习方法	1
4	专业见习	一、校内专业见习	4
		二、校外专业见习	4
5	职业规划	一、学业生涯规划	1
		二、就业准备与职业选择评估	1
		三、创业策略	1
		四、职业规划设计	1
合计			24

目　录

专题一　机电行业认知 / 1

一、机电行业主要技术 / 2

二、行业发展影响因素与经济形势 / 14

三、机电行业工作环境与职业道路 / 18

四、机电行业就业前景 / 21

五、成功人士启示 / 22

　　思考题 / 26

专题二　机电专业认识 / 27

一、高等职业技术教育特点 / 27

二、专业教育与通识教育 / 51

三、机电专业与相关专业之间的关系 / 53

四、专业人才培养目标与人才素质要求 / 54

　　思考题 / 57

专题三　机电专业学习安排 / 58

一、人才培养模式 / 58

二、专业课程体系 / 59

三、专业学习资源 / 73

1

四、专业学习原理与学习方法　/　76

　　　思考题　/　83

专题四　专业见习　/　84

一、校内专业见习　/　84

二、校外专业见习　/　91

　　　思考题　/　99

专题五　职业规划　/　100

一、学业生涯规划　/　100

二、就业准备与职业选择评估　/　104

三、创业策略　/　112

四、职业规划设计　/　113

　　　思考题　/　122

参考文献　/　124

专题一 机电行业认知

随着科学技术的发展，当今的机电产品，朝着机电一体化产品方向发展。其机械、电气及其相互之间的融合，都不同于传统的机械和电气，它们都发生了根本性的革命，形成了精密机械，电子技术（含电力电子、计算机），自动控制技术等多门学科交叉融合而成的一门高新技术，即机电一体化技术。

在我国工业领域，无论从产品的种类、产值、从业人员、出口总量上看，机电行业是最大的行业，是我国国民经济的支柱行业。

机电一体化技术是当前发展最快的技术之一，它是先进制造技术的主要组成部分。它的发展推动了当前制造技术的迅速更新换代，使产品向"高、精、快"迅速迈进，使劳动生产率迅速提高。

"机电一体化"一词最早是日本提出的，他们根据英文的Mechanics（机械学）和Electronics（电子学）两词，组合出Mechatronics一词，其表意汉字为"机电一体化"，Mechatronics一词从学科角度可以翻译为"机械电子学"，我国科技界也经常直接使用"机电一体化"作为汉语的表达词汇。

机电一体化技术在20世纪60年代萌芽于美国。机电一体化产品涉及工业生产、科学研究、人民生活、医疗卫生等各个领域，如自动生产线、空中客车、打印机、自动洗衣机等。空中客车、数控机床等都是机电一体化的典型产品，如图1-1所示。

机电一体化技术突飞猛进地发展是70年代中期以后的事情。日本技术和经济迅速崛起并跃居世界先进水平的过程就是在技术上引进、消化、发展、创新机电一体化技术的过程。

由于我国逐渐成为世界制造业基地，加之传统企业面临大规模的技术改造与设备更新，

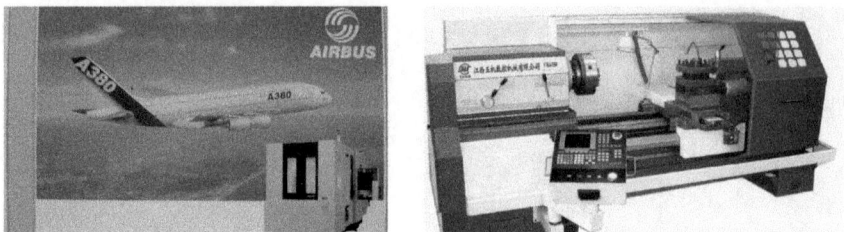

图1-1 机电一体化典型产品

国内急需大量先进制造技术专业人才。

在20世纪80年代初，日本名古屋大学最早设置了机电一体化专业。如今在本科，一般称为"机械电子工程"专业；在高职高专院校则仍沿用机电一体化专业名称。

一、机电行业主要技术

目前，纯机械产品（如自行车）越来越少，一般都由电气系统控制着机械动作，完成相应功能，并朝着自动化、智能化方向发展。因而，机电行业的机械产品大多为机电一体化产品，如汽车、飞机、生产线、机电设备等。

归纳起来，"机电一体化技术"主要包括精密机械技术、电子技术和自动控制技术三个方面。

1. 精密机械技术

机械，是机电产品造型和完成规定动作的基础，相当于人的骨骼、手与脚，起支撑、造型和完成动作等作用。与普通机械相比，机电一体化系统中的机械部分精度要求更高，可靠性更好，称为精密机械技术。依靠传统的机械，不能自动加工出高精度的产品，使用精密机械加工出的产品如图1-2所示。

图1-2 使用精密机械加工的产品

在精密机械技术中，有许多新的功能部件和技术用于其中。例如，对结构进行优化设计，采用新型复合材料，采用精密滚珠丝杠、高精度导轨、高精度主轴轴承和高精度齿轮等。

滚珠丝杠副是精密机械技术的产物之一，为数控机床中的精密传动部件。其作用是将旋转运动转化为直线运动。精密滚珠丝杠与螺母之间（滚珠丝杠副）没有间隙，具有摩擦阻力小，传动精度高，传动平稳，工作寿命长，不易发生故障等优点，如图1-3所示，有很高的定位精度和重复定位精度，可用于高精度机械和数控机床。而传统的普通丝杠也是将旋转运动转化为直线运动，但丝杠与螺母之间存在较大的间隙，只能用在普通机械中，如图1-4所示。

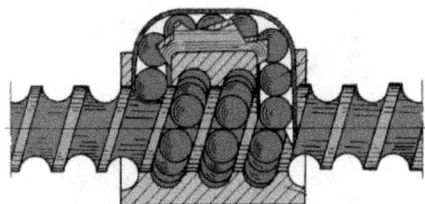

图1-3　滚珠丝杠

高精度主轴是一种精密机械部件，由高精度主轴轴承、动平衡、冷却、材料与热处理、磨削、装配等技术作为支撑。主轴旋转速度可达数万转。主轴旋转时的跳动在0.003mm以内，其噪声一般控制在70（dB）以内、温升小于30℃，如图1-5所示。

图1-4　普通丝杠　　　　　　　　　图1-5　高精度主轴

由于加工产品的精度越来越高，因而，机械技术的发展趋势之一是精密化。机械设备的运动精度越来越精密（一般用途的机械精度为0.01mm级，精密加工的机械精度为0.001mm级，超精密加工的机械精度为0.0001mm级），对机械的技术要求越来越高。

一般来说，一个企业由若干个车间组成，在一个车间里，由若干个机电设备（或流水线）组成。某汽车零部件生产企业的一个车间如图1-6所示，这个车间里的某台设备如图1-7所示。

图1-6 企业车间

图1-7 机电设备

某设备的总体机械结构如图1-8所示。该设备含有三个电机。没有电机，其机械部分就不能工作。

图1-8 设备内部结构

某设备其中一个部件的结构如图1-9所示。其内部由一些机械零件组成，如齿轮、花键轴、拨叉等，如图1-10所示。

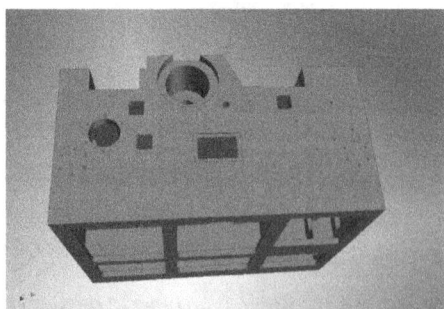

图1-9 部件的结构

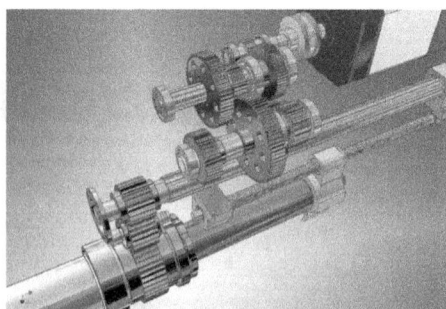

图1-10 机械零件

在机电产品的设计、制造过程中，必须使用设计图纸。这些图纸是用国家规定的方法绘制的，如图1-11所示。在今后也要学习相关的机械制图等课程。通过学习，就能读懂绘制好的机械图纸，也可以设计一般的机械图纸。

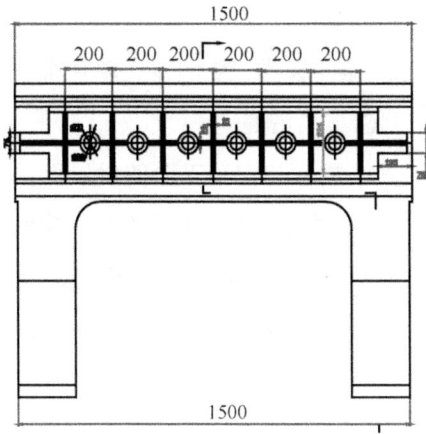

图1-11　设计图纸

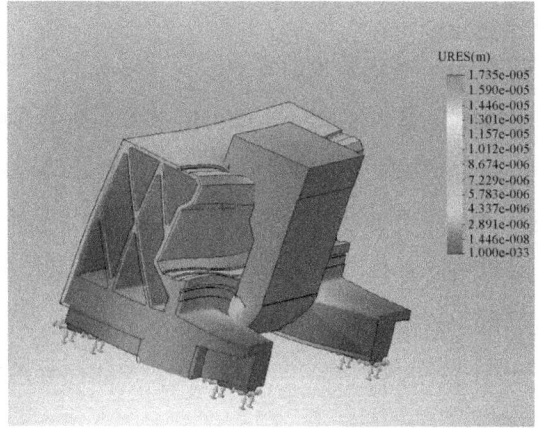

图1-12　零件变形图

　　学生不但要能绘制机械图，还要绘制得合理，例如要满足一定的传动要求、强度和刚度要求，使受力变形、受热变形尽量小等。这就需要机械设计方面的理论，在今后的课程中也会学习到一部分相关内容，即机械原理。图1-12为零件的变形示意图。

　　机械零件通常是经过机械切削加工而成的，即怎样将一个零件由毛坯加工成符合图纸要求的零件，这就是工艺。车间里工人的生产过程，是按照技术人员设计的加工工艺进行的。机械零件加工工艺这方面的知识也会有所涉及。

　　机械零件的加工主要涉及加工设备、刀具类型及刀具参数、切削参数、零件定位与夹具等知识。机械零件加工示意图如图1-13所示，刀具参数示意如图1-14所示。

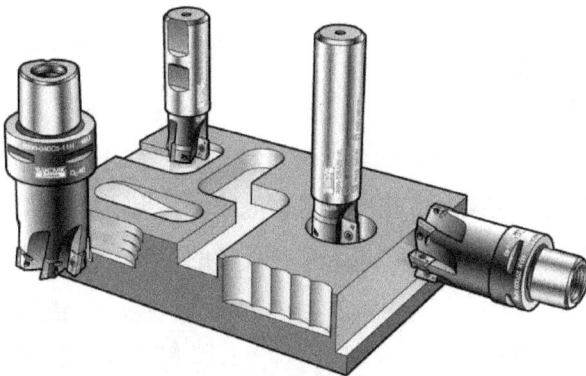

图1-13　零件加工示意图

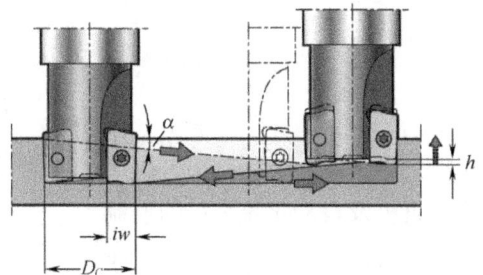

图1-14　刀具参数

2. 微电子技术

　　微电子技术在机械装置中的广泛应用，已经引发了革命性的变革，使得现代机械装置的面貌发生了根本性的变化。"机电一体化"这一术语较为贴切地概括出了这一变革的内在性质。

机电一体化系统中常采用现代的控制电子设备，如可编程控制器、变频器、单片机、工业控制机、数控系统等，进行信息的交换、存取、运算、判断与决策处理。

（1）可编程控制器。可编程控制器的产生是随着计算机技术和汽车工业的发展而产生的。1968年美国通用汽车公司（GM）为了适应汽车型号的不断更新、生产工艺不断变化的需要，实现小批量、多品种生产，提出一种新型工业控制器的设想，从而尽可能减少重新设计和变换继电器控制系统带来的麻烦，以降低成本，缩短周期。基于上述要求，从而在世界上产生了可编程控制器（PLC），汽车生产流水线如图1-15所示，可编程控制器如图1-16所示。

图1-15 汽车生产流水线

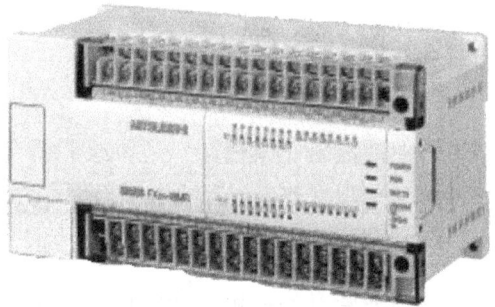

图1-16 可编程控制器

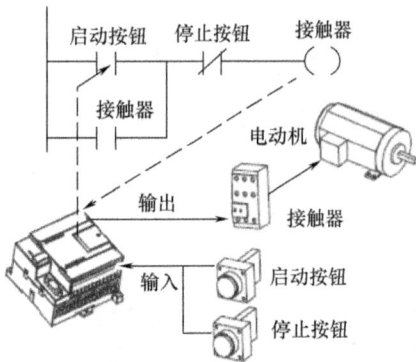

图1-17 PLC工作原理

PLC的工作原理是通过输入端子接收外部信号（如要求电机正转的信号），经过内部程序的运算结果，通过输出端子控制负载的运行与停止（如电动机的运行或停止）。PLC工作原理示意如图1-17所示。

目前，PLC已广泛应用于各个行业，使用情况大致可归纳为如下几类：

①开关量的逻辑控制。这是PLC最基本和最广泛的应用领域，它改革传统的继电器电路，实现逻辑控制、顺序控制。既可方便地用于单台设备的控制，也可用于多机群控及自动化流水线的控制。

在PLC产生之前，如图1-18所示的继电器控制电路不足为奇。如此复杂的控制电路，给电气人员进行电路的安装、调试、修改、故障排除等都带来了极大的困难。PLC的应用，已经使如此复杂和凌乱的电气控制线路不复存在了。

②模拟量控制。在工业控制中，不只是对开关量

图1-18 继电器控制电路

的逻辑控制，还有不少场合存在连续变化的量，如温度、压力、液位和速度等，称为模拟量。例如，蔬菜大棚的恒温控制、居民小区供水的恒压控制、养鱼池的水面深度恒定控制、主轴旋转速度的恒定控制等。

随着信息技术的飞速发展与普及，在现代控制、通信及检测等领域，对信号的处理广泛采用了计算机技术。由于系统的实际对象往往都是一些模拟量（如温度、压力、位移、图像等），要使计算机或数字仪表能够识别，这些信号，必须首先将这些模拟信号转换成数字信号；而经计算机分析处理后，输出的数字量往往需要将其转换为相应的模拟信号，用来控制执行机构。因而，为了使可编程控制器处理模拟量，必须实现模拟量（Analog）和数字量（Digital）之间的A/D转换及D/A转换。

A/D转换，顾名思义，就是把模拟信号转换成数字信号。但在A/D转换前，输入A/D转换器的输入信号必须经各种传感器把各种物理量转换成电压信号。A/D转换后，输出的数字信号可以有8位、10位、12位和16位等。A/D转换器的工作原理主要有以下三种方法：逐次逼近法、双积分法和电压频率转换法。A/D转换四步骤为：采样、保持、量化和编码。

D/A转换则是把数字信号转换成模拟信号。

PLC厂家都生产配套的A/D和D/A转换模块，使可编程控制器用于模拟量控制。

③运动控制。PLC可以用于圆周运动或直线运动的控制。PLC通过专用的运动控制模块，驱动步进电动机或伺服电动机的驱动器，广泛用于各种机械、机床、机器人、电梯等场合。

PLC是综合了计算机技术、自动控制技术和通信技术发展而来的一种新型工业控制装置。它具有结构简单、编程方便、可靠性高等优点，已广泛用于工业过程和位置的自动控制中。据统计，可编程控制器是工业自动化装置中应用最多的一种设备，可编程控制器将成为今后工业控制的主要手段和重要的基础设备之一。

PLC、机器人、CAD/CAM（计算机辅助设计/计算机辅助制造）将成为工业生产的三大支柱。

在日常生活中，在空调、洗衣机、冰箱等家电产品中也得到了广泛的应用。

（2）变频器。变频器是现代机电一体化系统中又一种常见的控制电子设备，用于改变电源的频率，实现机电转速的变化。图1-19为一个使用变频器控制三相异步电动机的电气控制电路板，电路板中右边为变频器。

现以三相异步电动机的变频调速原理，介绍变频调速技术的基本原理。

图1-19 变频器控制电路板

三相交流异步电动机的转速为：

$$n=(1-s)\times 60\times f/p \qquad (1-1)$$

式中：f——异步电动机定子绕组上交流电源的频率，Hz；

p——电动机定子绕组的磁极对数；

s——转差率；

n——异步电动机的转速，r/min。

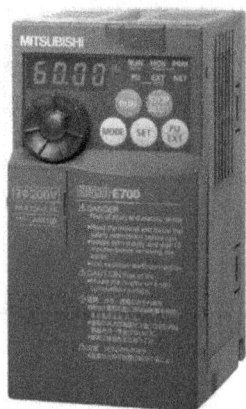

图1-20　三菱变频器

由式（1-1）可知，在转差率s变化不大的情况下，电动机的转速n大致随电源的频率f呈正比关系。可以认为，调节电动机定子电源频率f，则可以调节电动机的转速，这就是三相异步电动机变频调速的基本工作原理。

变频器的种类和型号很多。现以FR-E700三菱变频器为例对变频器进行介绍。

①名称和铭牌。FR-E7500三菱变频器的外观如图1-20所示。

②操作面板。不同的变频器，操作面板的布局各不相同，E700的操作面板如图1-21所示。

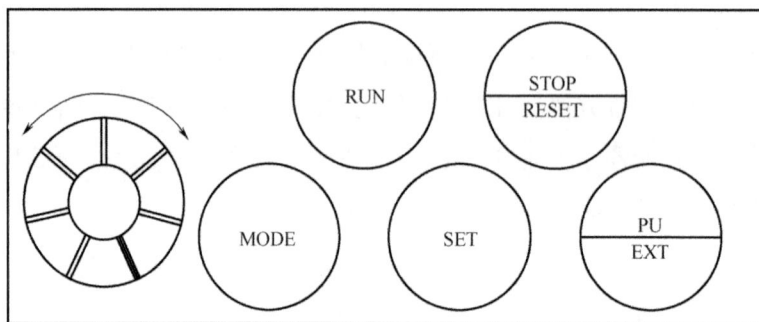

图1-21　三菱变频器操作面板

操作面板上各个按键的功能见表1-1：

表1-1　三菱变频器操作面按键功能表

按　键	说　明
RUN 键	正转运行
STOP RESET 键	·用于停止运行 ·用于保护功能动作输出停止变频器后，复位变频器

续表

按　键	说　明
MODE 键	可用于选择操作模式或设定模式
SET 键	用于确定频率和参数的设定
PU/EXT键	用选择面板控制或外部端子控制方式
旋转盘	用于连续增加或降低运行频率

③外部接线。FR-E700三菱变频器的接线方法如图1-22所示。

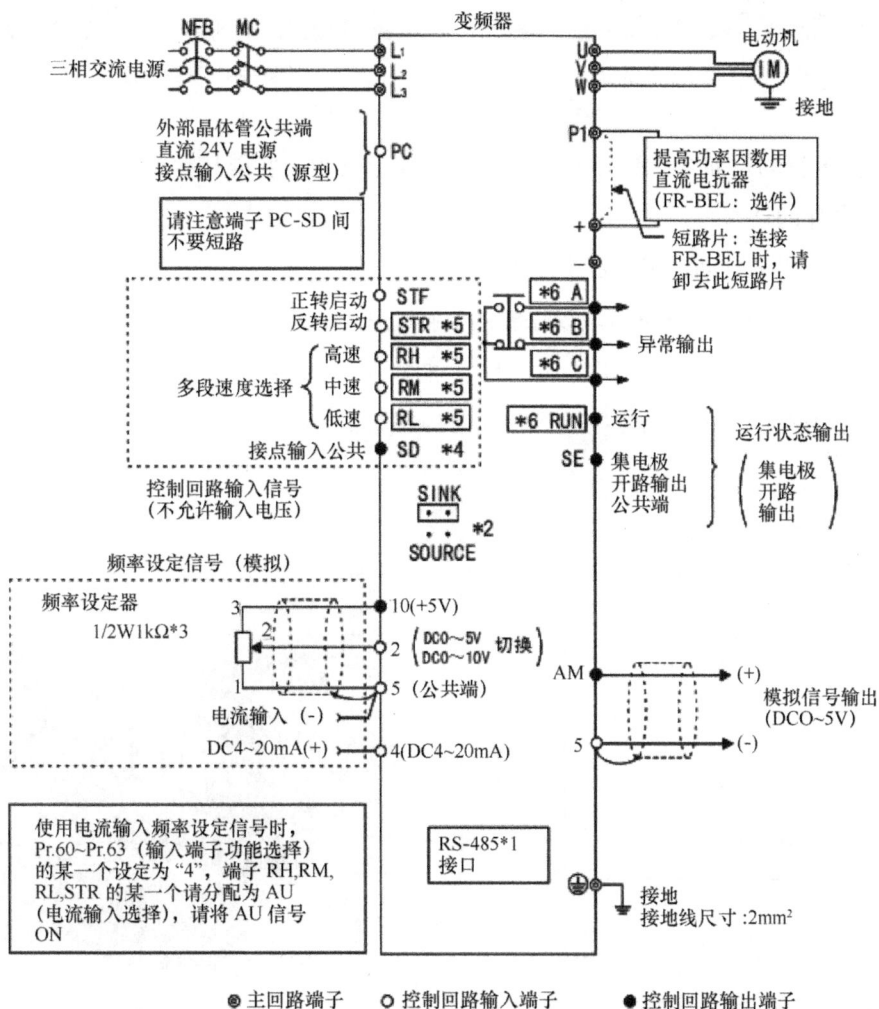

图1-22　三菱变频器外部接线

在学习PLC与变频器技术时，主要学习如何应用方面的技能。图1-23和图1-24为学生在学习过程中自己动手设计和安装的控制系统。

图1-23　PLC控制系统

图1-24　变频器控制系统

（3）伺服驱动。如今，数控机床已在我国广泛使用。它能按照操作者编制的程序自动完成操作者设计的动作。

下面为数控机床自动加工的一个简单实例。

待加工的零件如图1-25所示。现需要用数控机床自动加工三个孔，即刀具下降后加工出第一个孔后，自动将刀具提起，再自动下降，加工出第二个孔，直至加工出第三个孔。

加工时使用的加工设备为数控铣床，如图1-26所示。

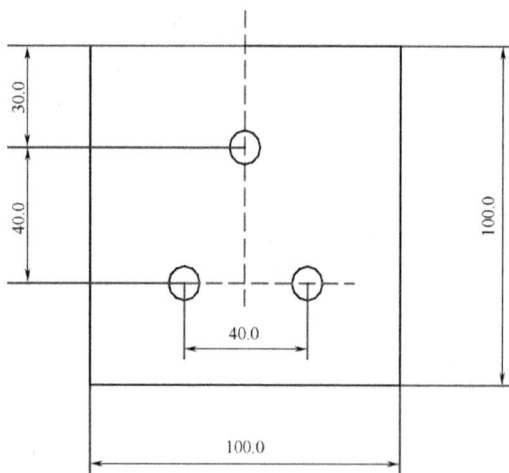

图1-25　零件图

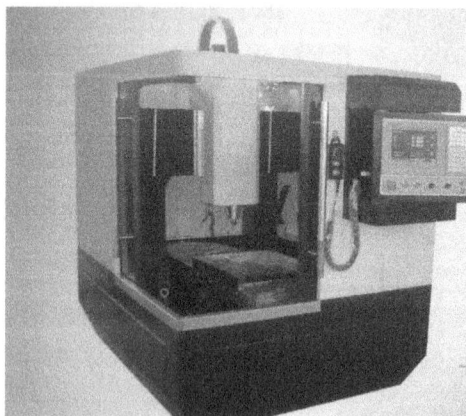

图1-26　数控铣床

本项目所需工具、设备及材料如表1-2所示。

表1-2 项目所需工具、设备

分类	名称	型号规格	数量	单位
工具	刀具	Φ10钻头	1	支
	夹头	与机床和刀具相匹配	1	套
	扳手	—	1	套
设备	数控铣床	自定	1	台
	虎钳	与机床相匹配	1	台
材料	试切块（铝）	100×100	10	块

在设计程序时，以左上角为工件坐标原点，操作人员需要编制如下程序，如表1-3所示。

表1-3 数控加工程序

程序	注释
%0001	程序号
N10 G91 G54	绝对编程、建立工件坐标系
N20 M03 S500	要求主轴正转，转速为800r/min
N30 M08	切削液开通
N40 T1	选1号刀具
N50 G00 X50 Y-30 Z3	刀具快速移动到第一孔上方3mm处
N60 G01 Z-4 F100	刀具以100mm/min的速度下移，切深4mm
N70 Z3	刀具上抬至工件上方3mm
N80 G00 X30 Y-70	刀具快速移动到第二孔上方
N90 G01 Z-4 F100	加工第二个孔
N100 Z3	刀具上抬至工件上方3mm
N110 G00 X70	刀具快速移动到第三孔上方
N120 G01 Z-4 F100	加工第三个孔
N130 Z3	刀具上抬至工件上方3mm
N140 M09	切削液关闭
N150 X0 Y0	回到起点
N160 M30	程序结束

在数控机床工作时，控制机床自动运行的是数控系统，如图1-27所示，是电子技术和计算机技术发展的产物。

数控机床看似是一种非常神奇的事物。通过学习电气技术、电子技术、PLC 技术、变频技术等知识，便会懂得其中的原理其实并不复杂。

图1-27 数控系统

机电一体化技术专业的学习内容，一般都涉及电气控制技术和电子技术。

电气控制技术一般包括常用低压电器元件，如常见的按钮、熔断器、断路器等，按钮实物及其工作原理见图1-28。

通过学习控制电路的原理，例如基本控制电路（电动机的正、反转控制电路，制动控制电路等），不但能看懂电气原理图，还能自己设计一定复杂程度的电气控制原理图，也能对电气控制系统进行安装与调试。因而，也将能对数控机床、自动化流水线进行安装、调试、维护等。

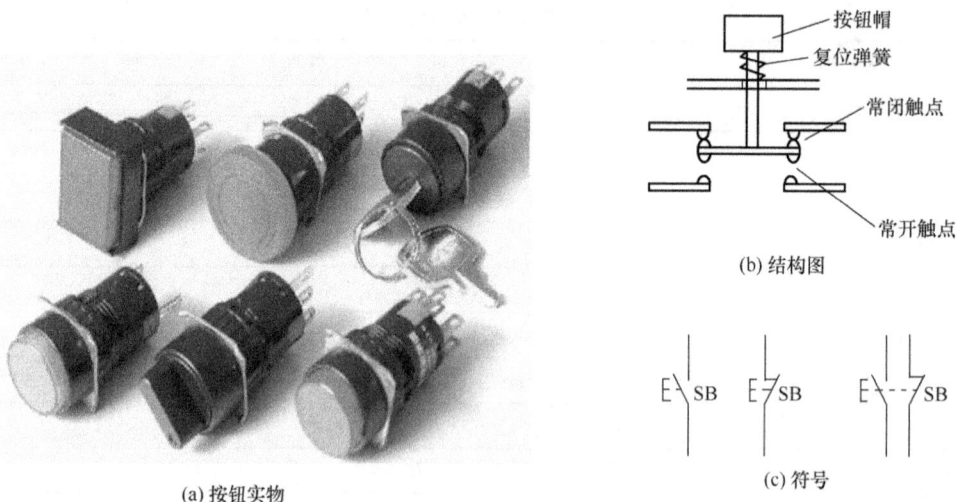
(a) 按钮实物

(b) 结构图

(c) 符号

图1-28 按钮实物与原理

例如，为什么只要按下机床控制面板中向右的按钮，机床刀具就会向右运行？机床控制面板如图1-29所示，X、Y、Z轴的正、负向移动的电气原理图如图1-30所示。

图1-29 电气控制面板

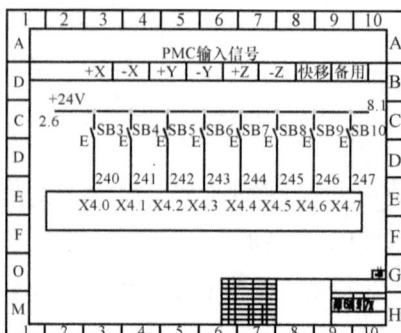
图1-30 电气原理图

X、Y、Z 轴正、负向移动的输入信号地址如表1-4所示。

表1-4　输入地址表

	+X	-X	+Y	-Y	+Z	-Z	快移	备用
	按钮	按钮	按钮	按钮	按钮	按钮	按钮	按钮
	X4.0	X4.1	X4.2	X4.3	X4.4	X4.5	X4.6	X4.7

当选择 X、Y、Z 中任意一键，即通过对应的信号告知数控系统，由数控系统控制对应的移动轴正向或反向移动。

学生进行电气控制系统安装与调试时的情景如图1-31所示。

电气控制系统安装实例如图1-32所示。

图1-31　学生学习情景

图1-32　电气控制系统安装实例

在进行电气控制系统设计的学习过程中，还将学习可编程序控制器、变频器、单片机等技术，学习其基本组成、工作原理、程序编写方法、参数设定方法等，并通过实际项目的实施，掌握其应用的基本技能。

3. 自动控制技术

自动控制技术是在控制指令的作用下，进行高精度位置控制、速度控制、自适应控制、自诊断校正、补偿等。自动控制对象为各种伺服传动装置，包括电动、气动、液压等各种类型的传动器件。常见的伺服装置有电液电动机、脉冲油缸、步进电动机、交流伺服电动机等。这些器件在计算机控制下，带动机械部件回转、直线或其他复杂运动。

图1-33中左边为普通的三相异步电动机，右边为交流伺服电动机及其驱动器。三相异步电动机只要接入规定电压值的交流电压（额定电压），电动机就会按照额定转速旋转，但是，三相异步电动机却不能控制其旋转的度数。伺服电动机在其驱动器的控制下做旋转运

动。伺服电动机却可以控制其旋转的度数值，例如可以使伺服电动机旋转100° 就准确地停下来。这就是机电一体化技术发展而产生的新技术之一。伺服电动机在机电一体化产品中得到了广泛应用。

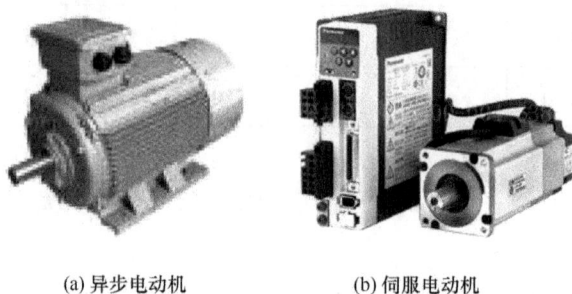

(a) 异步电动机　　　　(b) 伺服电动机

图1-33　异步电动机与伺服电动机

作为机电一体化技术专业的学生，重点是学会应用这些新型装置，对其结构和原理只要了解即可。

自动控制主要是解决如何提高产品的精度、提高加工效率、提高设备的有效利用率，从而实现机电一体化的目标最优化。

二、行业发展影响因素与经济形势

机电行业的发展受到以下因素的影响而不断变化。

1. 机电行业发展的影响因素

机电行业发展影响因素很多，而且是不断变化的。目前，我国机电行业主要受到以下几个方面的影响。

（1）宏观环境对机电行业发展的影响。当前世界的宏观环境主要影响因素为美国量化宽松政策和欧债危机。

所谓量化宽松（Quantitative Easing），是最近两年对世界经济影响比较大的一个概念，属于经济学的范畴。量化指的是扩大一定数量的货币发行，宽松指的是减少银行储备必须注资的压力。当银行和金融机构的有价证券被央行收购时，新发行的钱币便被成功地投入私有银行体系。

中国的外汇储备量为全球第一大国，中国也是第一大对美出口国和债权国，是美国"量化宽松"政策的主要针对者及其负面"溢出效应"的主要承担者。这主要表现在以下四个方面：

一是，中国的美元资产严重缩水。现在，中国的外汇储备超过2.6万亿美元，其中美元储备约占70%，中国购买的美国国债约为10000亿美元。美国出台"量化宽松"的政策后，使美元对人民币大幅贬值，导致中国的美元资产损失严重。从2010年6~11月之间，美元对人民币贬值3%，使中国外储和所持美国国债分别损失了546亿美元和270亿美元。

二是，冲击中国外贸出口。据分析，人民币对美元每升值一个百分点，中国的外贸出口将下降0.2%~0.3%。这几年，我国不少外贸企业的形势都非常严峻，我国经济形势的下滑，与机电产品的出口下降有密切的关系。

三是，加剧了中国的通货膨胀。美国此举推高了国际大宗商品的价格（主要指石油等）。受到输入性通货膨胀的影响，本来就较高的中国通胀率在2010年11月以后进一步升高。与此同时，中国支付进口的费用也显著增加。仅因国际油价上涨一项，中国今后每年需要多支出数十亿美元用于进口石油。

四是，承担更多国际热钱流入的风险。根据专家估计，美国这次增发的6000亿美元中的40%将通过各种渠道流入中国。大量涌入的热钱将加剧中国资本市场资产的泡沫化，给中国经济留下恶果和隐患。

世界上的事情总是一分为二的。客观上，美国此举在中国的影响也存在有利的方面。一是提高了人民币的国际地位，二是缓解了国际社会要求人民币升值的压力。

欧债危机经历了四个阶段，目前仍在扩展。

开端：2009年12月全球三大评级公司下调希腊主权评级，希腊的债务危机随即愈演愈烈。当时金融界认为希腊经济体比较小，发生债务危机影响不会扩大。但事实上，后来的影响也非常大。

发展：欧洲其他国家也开始陷入危机，包括比利时这样较为稳健的国家及欧元区内经济实力较强的西班牙。这些国家都预报未来几年内，预算赤字居高不下。至此，希腊已非危机主角，整个欧盟都受到债务危机困扰。

蔓延：德国等欧元区的龙头国家都开始感受到危机的巨大影响。欧元大幅下跌，欧洲股市暴跌，整个欧元区正面对着成立十一年以来最严峻的考验，有评论家推测，欧元区最终会以解体收场。

由于欧盟是中国最大的出口市场，欧债危机的再度爆发，欧元区经济整体的下行，必将影响中国整体出口形势。欧债危机的延续，可能加剧欧元对美元和人民币的贬值，人民币有效汇率将有所回升，这又将进一步影响中国的出口形势。美国的经济走势对世界经济具有十分重要的影响，美元作为世界上的主要储备货币，其币值稳定对全球的经济金融形势具有重要意义。

（2）宏观政策对机电行业发展的影响。宏观经济政策是指国家或政府有意识地、有计划地运用一定的政策工具，调节控制宏观经济的运行，以达到一定的政策目标。宏观经济政策应该同时达到四个目标：充分就业、物价稳定、经济增长、国际收支平衡。

近几年来，我国的经济发展主要依靠消费、投资、出口三个方面，俗称三驾马车。根据不同时期的国际国内经济情况，我国的宏观政策也在不断调整着，同时，也在影响着机电行业的发展。

随着我国宏观经济的持续高速增长，交通和资源一直是制约经济发展的两大主要问题，它们将主导着政府的投资方向。这两个方面的投资主要包括高速公路、铁路、市政工程（地铁、轨道交通、城市道路等）、机场、水利、港口、电网等基础设施建设，以及对钢铁、煤炭、有色金属等矿产资源的开发。当政府投资加大时，它们对整个机电行业需求将有明显的拉动作用。

内需消费对机电行业也有非常大的影响。近年来，房地产拉动了钢铁和建材的发展，高铁拉动了工程机械的发展，汽车拉动了装备制造业和机床的发展。

在出口方面，除了国际需求直接影响出口量以外，我国的关税政策等对出口起着导向作用。

所谓关税税率，是指海关税则规定的对课征对象征税时计算税额的比例。根据新的《中华人民共和国进出口关税条例》规定，我国进口关税的法定税率包括最惠国税率、协定税率、特惠税率和普通税率。国家根据WTO协定和具体的国情，不断调整着具体产品的关税税率，相应的产品随着关税税率的高低，决定着产品的收益或受损。产品的出口量将随着升降。

（3）机电行业政策对机电行业发展的影响。国家的机电行业政策对机电行业的发展有着至关重要的影响。

机电行业"十二五"规划是指导机电行业未来五年发展的纲领性文件。规划提出机电行业的主要发展目标、重点任务和措施；研究分析机电行业发展的突出瓶颈，提出突破上述瓶颈的对策以及机电行业发展的总体思路、指导原则、战略选择和关键举措。

国家公布的《国家中长期科学和技术发展规划纲要（2006-2020年）》、《国民经济和社会发展第十二个五年规划纲要》等，都对机电行业中的符合国家产业政策和宏观政策的子行业起到扶持作用。

在国家中长期发展规划的基础上，国家还会出台具体的行业、产业扶持政策。例如装备制造业主要需求来自汽车、通用机械、军工和电子信息四大领域。未来几年，我国装备制造业的投资重点将在铁路、航空航天、船舶、重型冶金机械、发电设备以及国防军工等各行业。为了扶持这些行业的发展，国家出台了《国务院关于加快振兴装备制造业的若干意见》，其指导思想是通过财政、税务、信贷等支持装备制造业的发展。政策上的支持使得装备制造业拥有良好的外部发展环境，行业将加速发展。这些都是机电行业发展的基础和前提。

又如"中央一号文件"对水利建设的支持、"十二五"规划中高铁被作为新兴产业优先大力支持等政策，均对机电行业形成了利好。此外，在2011年2月的"全国机电科技产业商务工作会议"上指出，"十二五"期间，机电出口有望高于外贸增速。

未来的"十二五"将是我国从"中国制造"向实现产业转型和跨越提升的关键时期。中国企业更需要科技当先、未雨绸缪，科学地制订企业未来五年的发展战略和实施规划。

"十二五"期间，我国机电产品进出口规模争取年均增速高于GDP和外贸增长速度，到"十二五"期末，进出口规模力争达到2.4万亿美元，其中出口达到1.4万亿美元。"十二五"期间，我国机电产品出口结构将继续优化，具有自主品牌的机电产品占机电产品出口总额比重由目前的8%提高到15%。出口结构的优化和自主品牌的创新，将促进机电行业的出口和行业的发展。

"十二五"期间，商务部还将推动出口企业从"生产车间型"向"市场营销型"转变。支持汽车、工程机械、机床、船舶、铁路装备等25个行业100个排头兵企业在境外建立营销网络，培育和认定2000家出口基地企业和200个出口基地，培育若干个具有较强科技创新能力和自主核心技术的跨国机电企业集团。

我国机电产品已经连续16年保持第一大类出口商品地位。最新统计数据显示，2010年，我国机电产品进出口总额为1.59万亿美元，其中出口9334亿美元，两者均居世界第一。民营企业已经成为我国机电产品出口的重要增长点，机电产品进口增速近9年首次高于出口增速，显示了中国市场对全球经济的拉动作用。国家大力支持机电行业在境外建立营销网络，开拓机电行业的国际市场，给行业龙头企业提供了更为广阔的发展空间。

保障性住房的建设也给机电行业带来了发展机遇。国家为了控制房价的过快上涨，2010年以来，不断出台了一系列政策来控制房价回归到一个合适的范围内。为了解决中低收入家庭的住房问题，国务院决定2011年全国共将建设城镇保障性住房1000万套。"十二五"期间，我国将加快各类保障房建设，我国将新建各类保障性住房3600万套。受益于保障房建设的行业有机械制造行业、建筑建材行业等。

在交通基础设施投资中，公路、港口、机场等建设速度相对平稳。而铁路建设由于高铁及城市轨道和城际快速通道的建设，将会成为"十二五规划"中的最大亮点。"十二五"期间，对高铁的投资将达到3.5万亿。高铁的建设离不开工程机械，工程机械行业将从中长期受益。

2. 当前经济形势对机电行业的影响

在我国政府应对金融危机一系列计划和措施的作用下，我国经济逐渐趋稳向好，价格运行中态势也不断好转。但应该看到，金融危机的影响短期内难以消除，当前经济运行中还有很多的不稳定、不确定性的因素，突出表现在两个方面：一是外贸出口形势依然严峻；二是在政府扩大投资一系列政策实施后，社会投资增长依然乏力。社会投资及消费需求持续性增长乏力不利于我国经济的平稳回升。

从我国机电行业情况看，由于近年来出口对整个行业的贡献率越来越高，逐渐成为推动行业发展的主导力量，当前外部需求乏力是制约机电行业发展的主要矛盾。一方面，出口形势依然严峻，表现在虽然机电行业依然是我国外贸出口的"中流砥柱"，但降幅较大；另一方面，受此次金融危机影响，美欧等发达国家长期依靠进口和国内过度消费的经济增长模式面临调整，保护其本国制造业发展，增加自给率将不可避免地成为一种选择，国际贸易保护主义会进一步抬头。我国机电行业出口面临的壁垒会不断增多，外部需求很难恢复到前几年高速增长的水平。

众所周知，由于行业的竞争性较强，机电行业是我国改革、放开最彻底的一个行业，也是国际竞争力提高最快、近年来发展最快的一个行业，为国民经济的发展做出了重要贡献。为应对国际金融危机对机电行业的影响，促进机电行业健康发展，政府已经采取了一系列措施，出台的4万亿投资中有1.6万亿左右涉及机电行业下游需求行业，目前出台的十大产业振兴规划也为提升振兴机电产品出口市场、促进行业发展指明了方向。总体上看，在当前诸多不利因素尤其是外需增长乏力的情况下，我国机电行业出口恢复发展可能是一个长期的过程。为此，机电企业应该在深入分析外部市场环境变化的基础上，继续加强质量管理、完善内部制度、增强创新能力，进一步提升竞争力，取得更大的成绩。

改革开放以来，随着市场化进程的加快，我国工业品价格进行了多次重大调整和改革。目前包括机电产品在内的绝大多数工业品价格已经放开，基本上形成了由市场配置资源、价格由市场决定的格局。对已经放开的机电产品价格，政府的职能已逐渐由管制价格向价格服务转变，工作的重点是规范价格秩序，为企业发展提供良好的价格环境。今后，各级价格主管部门将继续围绕这个方向，进一步完善相关价格政策措施，为促进包括机电行业在内的各个行业发展创造良好的价格环境。

三、机电行业工作环境与职业道路

1. 机电行业工作环境

一般而言，大一新生普遍认为，工作环境就是工作单位内的建筑、绿化和工作场所。其实，工作环境的内涵远不只这些。

ISO 9001：2000标准对"工作环境"的定义是"工作时所处的一组条件"。定义中的

"一组条件"包括物理的、社会的、心理的和环境的因素。通俗来说，工作环境包括人的因素和物的因素两个方面。例如岗位聘用机制、人文关怀、文化氛围、社会信誉等属于人的因素；温度、湿度、绿化、噪声、卫生、污染等属于物的因素。工作环境是一个单位进行生产和服务的必要条件，它直接影响产品质量和服务质量的形成，也是工作人员的工作环境。对工作环境的理解，需要做全面的考量。

机电一体化技术专业的毕业生主要就业单位为机电行业中机电产品的制造企业，比较典型的如汽车生产企业、工程机械生产企业、电器元器件生产企业。

机电一体化技术专业毕业生的工作岗位，也是千差万别的。一般而言，车间里技校生居多，大专生主要从事机电一体化设备的安装、调试、维修、销售及管理；机电一体化产品的设计、生产、改造、技术服务等，本科生会去做设计或者技术员之类的，工作环境会好一些。当然，能力是根本，技术是王道。

（1）从事机电一体化设备安装、调试的工作环境主要在企业内部的生产车间，如图1-34所示。

（2）从事机电一体化设备维修的工作环境一般是在设备使用现场（生产车间居多），是在本企业对企业内部使用的设备进行维修，这样的工作比较常见。主要是设备使用量大的企业和使用自动流水线的企业，需要有相关人员保障设备的正常运行，以免因设备故障而使流水作业链产生断裂，严重影响生产的正常进行，如图1-35所示。

图1-34 企业环境

图1-35 光盘生产线

（3）从事机电一体化设备销售人员的工作环境特点是出差在外的时间比较多，主要职能是寻找和联系本公司产品的潜在客户，将本公司的产品销售出去，使资金回笼，同时反馈产品的市场发展趋势。

（4）从事机电一体化产品的设计、生产、改造工作是企业中的技术和管理岗位，一般均有专用办公地点，有相对优越的办公条件等。

（5）从事机电一体化产品的技术服务工作，主要是在本公司的客户现场进行产品售后服务，解决产品在使用过程中出现的问题和故障。

从企业的所有权性质方面来看，有民营企业和国有企业；从企业的规模方面来看，有大型企业和中小型企业。从企业的经营性质方面看，有生产型企业、科研型企业和销售型企业。经过多年的改革，现在的企业一般均为股份制企业，工作时间一般为8小时。机电一体化技术的大专院校学生在就业初期，有可能需要加班或者上中班或者夜班。这个期限大约在两年。这需要学生在入学初期，对此就有所了解，并做好心理准备。

从事机电行业的工作，其周围的人际关系一般比较简单，工作氛围比较融洽。

一切从实际出发，正确评价自己，合理定位，正确认识工作环境的内涵，时刻调整自己的工作状态和心态，对于自己有很大作用。

另一方面，在关注自己的同时，更多地关注员工，团结互助，在适应环境的前提下，努力创造轻松愉快的工作环境。

在我国，用人单位也越来越重视员工的工作环境。例如三一重工股份有限公司在对待员工上就做得非常好。企业以"帮助员工成功"作为核心文化理念，摒弃"集体利益大于个人利益"的传统观念，为员工建立了"温情后花园"。企业员工活动丰富，员工福利不断提升且更加多元，使个人利益正常回归。这使得公司最大限度地吸引人才、使用人才、留住人才。

2. 个人职业成长道路

职业，是指从业人员为获取主要生活来源而从事的社会性工作类别。

职业须同时具备以下五个要点：

（1）目的性，即职业以获得现金或实物等报酬为目的；

（2）社会性，即职业是从业人员在特定社会生活环境中所从事的一种与其他社会成员相互关联、相互服务的社会活动；

（3）稳定性，即职业在一定的历史时期内形成，并具有较长生命周期；

（4）规范性，即职业必须符合国家法律和社会道德规范；

（5）群体性，即职业必须具有一定的从业人数。

高等职业教育专业是依据高等职业教育的特点，以具备高中学历或同等学力者为培养对象，围绕"以职业岗位群或行业为主，兼顾学科分类"的原则而划分的，培养学生具备从事特定职业或行业工作所需的实际技能和知识的学业门类（专门领域）。

高职专业与职业具有以下关系：

（1）一个专业是一组相关职业的职业技能的集合；

（2）专业技能核心要素与职业资格相对应；

（3）专业教学与职业劳动过程、环境相一致；

（4）专业名称与行业、职业的社会认同和学生理解，以及社会地位、价值判断基本一致。

高技能应用型人才的总体要求是：

（1）具有形成技术应用能力所必需的基础理论知识和专业知识；

（2）具有较强的综合运用各种知识和技能解决现场实际问题的能力；

（3）具有良好的职业道德和爱岗敬业、艰苦创业、踏实肯干、与人合作的精神，安心在生产、建设、管理、服务第一线工作；

（4）具有健全的心理品质和健康的体魄。

通过三年大学阶段的学习，学生具备了运用理论知识和经验知识完成具体工作任务的活动能力，包括感知技能、心智技能和操作技能。在生产、运输和服务等领域岗位一线，熟练掌握专门知识和技术，具备精湛的操作技能，并在工作实践中能够解决关键技术和工艺的操作性难题的人员，即为高技能人才。高技能人才概念的内涵应包括五个方面：有必要的理论知识，有丰富的实践经验，有较强的动手操作能力、能够解决生产实际操作难题，有创新能力，有良好的职业道德。

当前，我国正处于从经济大国向经济强国、人力资源大国向人力资源强国迈进的关键时期。高等职业教育准确把握定位和发展方向，自觉承担起服务经济发展方式转变和现代产业体系建设的时代责任，主动适应区域经济社会发展需要，培养数量充足、结构合理的高端技能型专门人才，在促进就业、改善民生方面以及在全面建设小康社会的历史进程中发挥不可替代的作用。

因而，高职院校的学生同样有广阔的发展空间。正确认识高职教育的特点，结合自己的具体情况，确定好自己的人生道路非常重要。

由于职业院校的专业建设，必须服务于地方经济。因而，机电类专业毕业生的个人职业成长道路与所处的地区有关系。不同地区的职业院校、相同的机电一体化技术专业，其人才培养方案差别较大。例如长三角地区某职业技术学院的机电一体化技术专业的个人成长道路是这样设计的：就业初期，可胜任机电、电子设备日常运行与维护、机电、电子设备安装与调试、产品技术服务、产品检验等岗位，3~5年可胜任生产管理、机电、电子产品技术设计等岗位，10年后可胜任机电设备、电子产品生产企业的技术、生产、设备主管等中高层次岗位。

四、机电行业就业前景

改革开放30多年以来，我国经济和社会发展取得了历史性的进步。我国的经济总量已于2012年跻身世界第二强。由于我国经济的发展，加上我国的投资环境、消费市场、劳动力成本在国际上的竞争优势突出，吸引了全球制造企业在我国投资建厂，使全球制造业中心向中国转移，由此创造了大量的就业机会。

与此同时，我国机电产品的出口已连续十几年保持中国第一大类出口商品地位，占世界机电产品出口总额的比重越来越高。2012年，全国机电产品进出口达到1.96万亿美元，机电产品进出口额占外贸比重50.7%。2013年，我国机电产品进出口总额突破2万亿美元，达到2.1万亿美元，连续4年成为全球第一大机电产品贸易国。至2013年，中国已连续5年保持全球第一大机电产品出口国地位。中国机电产品出口品类由少到多、技术水平由低到高、市场竞争力由弱变强，整体结构已经发生了根本性变化。

我国高技能人才的培养已明显滞后于生产规模不断扩大的需求。

目前，就业市场更注重毕业生的专业技能水平，用人单位对那些专业知识掌握扎实、具有专业特长、具有相关工作经验的人才尤其青睐。在今后一段时间内，技能型人才是企业需求的主流。在现代工业企业中，每个岗位对工作人员的技能要求都比较具体，因此，企业对应聘人员的标准大多是专业对口、岗位技能熟练。企业的人才聘用观念逐步转变，"以能为本"的人才观逐步确立，打破了不同学历层次、不同技能等级的界限，以岗位实际需求为要求，不再片面追求学历，企业的人才消费观念更趋于理性化。

机电一体化专业的学生毕业后主要面向各机电生产企业、机电公司等，就业面十分广，是就业情况最好的专业之一。只要学生能够树立正确的就业理念、合理确定就业预期、能吃苦耐劳，社会都会提供相应的就业岗位的。

五、成功人士启示

渴望成功、追逐成功，是每个人的正常的心理状态。平凡的我们必须认准目标、坚持不懈、忍受常人难以忍受之苦，从而走向成功。

现列举机电一体化技术专业毕业的成功人士。我们可以从这些人士的成长经历中得到许多启示，对我们在学校的学习和将来的工作有很好的指导作用。

1. 黄立波

黄立波，男，机电一体化技术专业2001年大专毕业生，现在中船重工集团七一七研究所工作，主要从事光电产品的研制和生产。

通过开学第一课，老师介绍了专业现状和发展的美好前景，并演示了机械手装置的工作过程，黄立波很好奇，机械手能够自己动起来，这太不可思议了。他决心一定要把专业知识学好。老师告诉同学们，要很好地掌握专业知识，还需要有一定的计算机知识和较强的外语能力，不懂编程就不能充分发挥数控机床的优势，不懂外语连机器的说明书都看不懂。黄立波对专业产生了浓厚的兴趣，兴趣让黄立波爱上了专业，激发了学习热情。除了课内实训，黄立波常常在课余时间去实训室，观察老师如何操控设备，还时不时地自己操作一下，一来二去，黄立波学的东西越来越多，越来越深。理论学习和实训实习相交替的教育模式，再加上实训室主动面向学生的开放式教育模式，让黄立波既学到了丰富的专业理论知识，又培养了他过硬的动手能力。

母校的培养是黄立波成功的基石，七一七所给了他走向成功的舞台。黄立波2001年参加工作，单位安排他操作普通机床，他沉下心来，不以大学生自居，而是边干边学，两个星期后，就已能独立操作了。之后，调去数控加工岗位学习。又一次，黄立波知道师傅正在加工一个关键零件，就主动向师傅请教，师傅让他在两个小时内把图纸看懂。好在黄立波功底扎实，很快就看懂了图纸，从此之后，他就开始了自己的数控加工生涯，他常向师傅讨教加工工艺和编程的方法，大部分时间都在琢磨零件怎么加工。由于黄立波的表现突出，车间领导破格让他提前转正。有一次，车间需要加工一个三维曲面零件，只能靠钳工修锉出来。凭借着在学校的CAD知识功底，他用了不到一天的时间就编好了CAM程序，加工出了合乎要求的零件形状和尺寸。从那以后，车间领导就特别重视他，使他在以后工作中得到了成长和锻炼。

除了完成自己的本职工作外，黄立波还经常学习其他工种，主动向师傅请教，久而久之，掌握的技能越多，知识面也越来越广。在最后的几年里，黄立波先后组织和参与了一些技术项目的研究和技术攻关。有一年，所里研发的某新型光电中需要用到一对特制的管体，该管体的精度直接影响光电的跟秒精度，师傅们想了很多办法都无法达到设计要求，在市场上也无法购买到该零件。黄立波作为首席技师，解决这个问题责无旁贷。于是，黄立波带着一名校友查阅了大量资料，最后从球面的形成原理入手，将该零件加工出来，精度完全符合要求。

付出总有回报。在努力工作的10年内，黄立波曾三次在国家级的数控技能大赛中获奖，先后获得国防511高技能人才称号，享有国务院政府特殊津贴。这些成绩的取得，归根到底，离不开母校的培养，离不开企业的培养，离不开自己的勤奋努力。黄立波感谢曾经细心培养他的技师，感谢他的单位七一七所，更要感谢为技能人才提供展示平台的各级政府。没有高等职业教育的改革和发展就没有高职生的今天。

饮水思源，当母校需要他帮助的时候，他义无反顾。从2006年开始，他被聘为学校的兼职教师，主要工作是指导学校派过来的学生顶岗实习，定期为学校进行项目式教学，参与母校的专业建设，这个专业的教学团队被评为国家级教学团队，黄立波是团队成员之一。

2. 张澎

张澎，男，新型纺织机电技术专业2002年毕业生。

在校期间，学习勤奋刻苦，曾获得国家奖学金、国家励志奖学金。作为学生干部，他工作认真负责，积极带领同学们创建优秀班集体，曾获"南通市优秀班干部""学院优秀学生干部""基础文明建设月先进个人""暑期社会实践先进个人""优秀团员"等荣誉称号。

毕业后进入某公司从事售后技术服务工作，2005年创办电力自动化有限公司。该公司是专业研发、生产、销售电力系统无功补偿产品的科技型企业，目前主要产品有新一代智能低压无功补偿综合模块、投切模块、低压无功补偿控制器、高压无功补偿控制器、配电综合测控仪、无功补偿组合仪表、配电管理软件、投切电容器的电子开关、复合开关、变电所电压无功综合控制装置、各类动态和静态无功补偿成套设备等系列产品。智能低压无功补偿综合模块系列产品为行业内独创，主要功能和技术指标达到国内外先进水平。公司研发的新一代智能低压无功补偿综合模块（智能电容）系列产品被评为"江苏省优质产品""江苏省公认名牌产品"。公司坚持每年招聘机电一体化技术专业的大专毕业生，全部从事专业技术或管理工作。

3. 陈建斌

陈建斌，男，某职业技术学院机电一体化技术专业2002年毕业生。

在校期间，他各方面表现都很优异，担任系学生会主席。学习成绩一直名列前茅，曾获得国家奖学金、院一等奖学金一次，二等奖学金三次，并获得过院"三好学生""江苏省优秀团员""江苏省暑期社会实践先进个人"等荣誉称号。

2005年陈建斌创办机械制造有限公司，现任公司董事长、总经理。公司主要研发和生产计算机控制全自动小袋包装机、便捷式电子定量包装秤、大包装定量包装秤、容积式定量下料机、自动供料设备等产品，产品广泛应用于食品、农药、日化、医药等行业，包装设备畅销喜之郎等知名企业。

4. 钱大友

钱大友，男，某职业技术学院机电一体化技术专业1998年大专毕业生。

在校期间，曾获国家奖学金、2008年香港福田企业奖学金；连续获得学院一等奖学金四次；获得过"南通市三好学生""优秀学生干部""三好学生""学习标兵"等荣誉称号。参加全国面料设计大赛获得优胜奖。在校期间，自学本科课程，通过自考本科全部科目。除了出色的专业功底之外，他还积极组织和参加各种活动，获得院"第三届基础文明建设月先进个人"。参加江苏省"第五届大学生职业规划大赛"获得一等奖。目前在南通琳达震泽服饰有限公司工作，从事网络销售。

2004年他创办某科技有限公司，现任公司董事长、总经理。公司旗下有"法拉蒂"和"千骏"两大品牌，千骏公司因其发展迅猛而成为电动车行业的黑马，公司聘请著名影星于荣光为形象代言人，现有无锡和天津两大生产基地，电动车畅销全国各地，深受都市时尚青年欢迎。

这些学生的成功，对我们有以下几点启示：

启示一：不会就要问。

学生学习中存在问题是必然的，没有问题只能说明学生根本就没有学进去。那些学习成绩比较好的同学都是善于向老师提出疑问的学生，一有不懂，他们马上就向老师请教，只有"不懂就问""不耻下问"，才使自己的学习"更上一层楼"。那些存在学习障碍的同学，都是因为从小就养成了不喜欢问的习惯，当在学习过程中出现疑问时，不敢问或者不善于问，那么问题越积越多，最后全都是疑问了，学习也就无法再往下进行了。学习中存在疑问，如果不及时解决，问题越积越多，最后致使自己根本性失去了学习的能力，轻者在学校混日子，重者只有弃学回家，过早地结束自己的学业，失去了学业就使自己失去了一个前进的最好的平台。

启示二：不要怕犯错误。

"人非圣贤，孰能无过"，在现实生活中，不犯错误的人是不存在的。古人云："过而不改，是为过也"。就是说有过错而不改正就是过错，有过错改正了就不是过错。古人也有"闻过则喜"的美德。

在学习上也是这样，不少学生怕回答教师问题而不敢举手，怕说出了错误的答案被同学笑话、被老师批评；作业上怕出现问题，于是和同学对答案，一旦自己的答案不对，甚至去抄答案。事实上，在课堂上回答错了问题很正常。只有勇敢地表达自己的思想，说出自己的真实想法，你才有改正错误的机会。首先老师会帮助你分析错误的原因，过后还会询问你对问题的理解。

上课不举手回答老师的问题，抄作业，其实是一个掩盖错误的过程，是一种十分愚蠢的行为。掩盖错误只能使自己的错误永远存在，把错误表现出来比掩盖错误要好，这样才有改正的机会。犯错误并不可怕，可怕地是面对错误无动于衷，不知悔改，对待错误的正确态度应该是：不要把错误埋在心里，要把错误表现出来，犯了错误然后及时地改正过来，以后尽量避免犯同样的错误。只有这样，我们才能把错误当作我们的财富，而不是包袱，这样在前进路上才会排除一个个故障，才会始终保持原有的动力。

启示三：准确定位，努力就会有成功。

人生不到终点，是没有失败的。在学习过程中，我们可能会遇到这样或者那样的挫折，我们目前的学习成绩不佳，我们的意志受到考验，但是这些都不要紧，只要自己不气馁，坚持奋斗，就有希望。人们最瞧不起的不是那些暂时失利者，而是那些一遇到挫折就自暴自弃的人，因为自己放弃了，所以就不会再有希望，这样的人永无出头之日。

成功总是会青睐有准备之人，"天道酬勤"也是这样的道理。也许此时我们的学习成绩确实不理想，没有考上理想的学校，我们也不是生活的失利者，我们只是暂时处于一种失意状态，学生时代的学习毕竟只是人生道路上的一小段，人生一小部分的失意不能代表人生全部的失败。只要我们不放弃，始终保持一颗向往成功的心，就一定会产生追求成功的不懈行动，成功就会在不远处等你。

思考题

1. 机电一体化技术中的机械技术与普通机械技术相比，有何不同点？
2. 日常生活中，你见过哪些机电一体化产品？
3. 结合实际，谈一谈机电一体化有哪些主要技术？
4. 机电一体化技术的发展趋势有哪几个方面？
5. 行业发展影响因素有哪几个方面？
6. 成功人士的成长经历和现状给你什么启示？

专题二　机电专业认识

学习目标

1. 了解高等职业教育的特点；
2. 理解专业教育与通识教育的区别；
3. 了解机电专业与相关专业之间的关系；
4. 熟悉机电专业的培养目标；
5. 理解社会对机电专业人才的素质要求。

一、高等职业技术教育特点

高职教育以职业技术教育为重点，把培养学生掌握从事职业岗位（群）所需的技术、技能作为主要的培养内容，培养技术型、应用型的高级专门人才。

1. 高职教育的特征

高职教育在人才培养模式、课程模式、教学模式、评价体系等方面进行一系列的变革，主要表现在以下几方面：

（1）对实践动手能力和应用技能有明确的要求。高职教育面向生产、经营、服务、管理第一线岗位培养人才，不同岗位（群）有不同的实践能力和应用技能的要求。高职教育各专业均针对不同职业岗位（群）的要求，对学生应掌握的实践动手能力和应用技能提出了明确的要求，同时引入职业资格证书教育，把它作为衡量职业技能水平高低的重要指标，并逐步与世界接轨，采用全球性的职业资格证书，扩大职业资格证书的权威性。简言之，高职教育要求毕业生不仅要获得大专毕业证书，还要同时获得多本职业资格证书。

（2）注重实践课程，实行"现场教学"。高职教育在课程设置上，除按要求开设公共课程外，基础知识和基本理论则坚持以"够用""必需"为原则，保证专业技术、技能课程占总课程的30%~40%，构建了"强能力""重应用"的课程体系。在专业技术、技能课教学中，将课堂搬到模拟实验室、车间等岗位工作环境中，实行"现场教学"，让学生在接近真实的岗位工作环境中锤炼，使学生的动手能力和应用技能得到较大提升。

（3）以"社会化""市场化"的评价体系为标准。高职教育面向社会办学、面向市场办学，评价高职教育效果的优劣，只能由社会、市场来判断。其中最重要的指标就是毕业生就业率的高低、毕业生从事岗位工作的社会认可度等。毕业生就业率高，则说明专业设置符合社会需求，毕业生素质得到社会的普遍认可；毕业生从事岗位工作的社会认可度高，说明毕业生所具有的岗位技能、实践能力得到社会的承认。广大高职院校则自觉将这两个指标作为衡量办学成果的标准，努力提高学生的专业技能，不断拓宽毕业生就业渠道，保证毕业生较高的就业率。

①培养目标。高等职业教育的人才培养目标为培养生产、经营、管理与服务一线的高等技术应用型人才。高等职业教育的培养目标为以能力为主的职业技能培训。而普通高等教育主要培养从事研究和发现客观事物规律的学术研究型人才以及工程型人才。

②人才培养模式。高等职业教育培养高等技术应用型人才，培养模式为"以能力为中心"，强调职业性和适应性。这种人才培养模式具有六条基本特征：

以培养适应生产、建设、管理、服务第一线需要的高等技术应用型人才为根本任务；以社会需求为目标、技术应用能力的培养为主线设计教学体系和培养方案；以"应用"为主旨和特征构建课程和教学内容体系，基础理论教学以应用为目的，以"必需、够用"为度；专业课加强针对性和实用性；实践教学的主要目的是培养学生的技术应用能力，在教学计划中有较大比例；"双师型"师资队伍的建设是高职高专教育成功的关键；产学结合、校企合作是培养技术应用型人才的基本途径。

而普通高等教育以课堂教学为主，也有实验、实习等联系实际的环节，但联系实际的目的是为了更好地学习、掌握理论知识，着眼于理论知识的传授。

③专业设置与课程设置。高等职业教育的专业设置与课程设置的依据主要是按照市场所需要的岗位需求设置专业。其显著的特点就是其针对性比较强，针对岗位或职业而设定的。就课程设置而言，高等职业学校的课程强调以职业能力为本位的课程模式，注重实践能力的培养。而对于普通高等教育来说，其专业设置是以学科为依据。在课程体系上，普通高等教育学校讲求课程体系的整体性和单一学科课程的系统性，一般分为公共课、专业基础和专业课。

④师资队伍要求。高职教育要求有一支"双师型"教师队伍，即从事高等职业教育的教师既要有普通高校教师扎实的专业理论基础和教学经验，又应有高级工程技术人员丰富的职业实践经验。相对于普通教育而言，高职教师的要求会更严厉一些。而普通高校仅要求教师具备基本文化素质、专业知识以及教育教学和科研能力。

专业人才培养质量的高低，专业师资团队的素质是决定因素之一。

职业院校的教师，不仅应具有扎实的理论知识，而且应具有丰富的实践经验，突出"双师型"素质要求，这是高职教育的特点决定的。

为了达到这个目的，可行的方法是从企业吸引具备高学术水平和高学历人员担任专业教师；鼓励在职教师参加学术进修，提高个人学历和学术水平。通过校企合作，引进和吸纳企业人员担任兼职教师，优化教师队伍结构，提高兼职教师课时比例；有计划派遣专业教师到企业兼职锻炼，进行工程进修，增强实践能力；积极参加专业行业教育培训活动，学习新的教育理念和教学组织方法，提升教学能力和专业学术水平；通过参加产学研活动和实践能力培训工作，提高团队"双师"素质；加强青年教师的教育工作，通过师徒对接等方式，培养青年教师的责任意识和教学素质，特别是通过说课方式提高青年教师的教学水平。

人才培养方案的实施离不开教学团队的团结一致、共同协作。按教学目标，分层次共同完成人才的培养。

专任教师教学和实践经验丰富，工作积极，富有创新意识，在教学工作中积极改革教学方法，能不断提高教学效果。

企业兼职教师是来自于企业的高级技术人员或专职培训人员，既有理论知识，又有实践经验，在实践教学环节和理实结合教学环节起到了关键性的作用，在专业建设、校企合作、课程开发、实验实训室建设方面具有重要作用。

专业带头人和骨干教师是具有丰富工程经验的"双师"素质的教师，主要承担课内实习、实训教学，课外实习、实训指导，以及实验室和实习、实训基地的建设。积极参与专业建设、课程改革、工学结合、社会服务等活动。突出以培养学生动手能力为主的教学任务。

外聘兼职教师主要是负责指导专业实践教学，在综合实践顶岗实习中发挥关键作用，是实现校企合作教育在思想、理念、方法、措施、技术等方面的深度融合。

青年教师，是教学团队的后备力量。主要承担一些辅助性教学任务。在专业带头人和骨干教师的带领和培养下，积极参与专业建设、课程改革、教学实践等活动。

上述不同层次的老师，均根据高等职业教育的特点，以就业为导向，以社会需求为目标，以技术应用能力和职业技能力培养为主线，遵循理论教学与实践教学一体化的原则开展工作。在实施人才培养方案过程中，结合地方经济的发展实际，围绕本专业人才培养的目标和基本要求，以夯实专业基础和拓宽专业知识面，以培养学生较强的动手能力、技术应用能力、职业能力和创新能力为基本任务，以实践教学为主体，以产结合、工学结合为基础构建课程体系和教学内容，形成了自身的培养特色。

⑤教学方式与教学过程。在教学过程中，高职院校重视相关专业的教学实践环节。研究型高等教育的实践教学以发现、验证性实验为主；高职院校则以强化技能训练为特点，因此，要重视校内实验、实训设施和校外实习基地的建设，加强学生动手操作和模拟实习的能力培养。高等职业教育以能力为中心的人才培养模式体现在教学方式与教学过程上，就是要求学生在校期间针对职业岗位完成一般性的职业岗位训练，学生毕业时成为合格的就业人

员，具备某一岗位群所必需的最基本最一般的知识、技术和能力，上岗后能基本履行岗位职责，承担本职工作，基本不需要较长的适应期。

⑥高等职业教育管理。用人部门与学校共同参与。高等职业教育是针对社会发展、企业需要而培养一线技能人才的。因此，相关企业、行业参与学校管理显得尤为重要。产学研结合、校企合作成为企业、行业参与管理的重要形式。校企合作，是指学校与相关的行业或企业在人才的教育培养和技术的开发、改造和创新过程中相互配合、共同协作。学校针对企业的实际情况和实际需要，邀请行业或企业有关专家共同研究专业设置、制订教学计划、教学大纲及课程的开发，为企业培养所需的实用型人才，特别是请企业专家承担学校的教学任务，结合实际向学生传授更实用、更通俗易懂的知识。通过依托行业或企业为学生提供良好的校内外实训基地，以解决学校办学资金不足的困难。双方共同开发、研究，解决实际工作中的难题和科研课题。而在普通高校，则是自主办学，没有企业与行业的参与。

在我国高职院校中，机电一体化技术类的专业有机电一体化技术专业、纺织机电一体化技术专业和电气自动化技术专业等。他们在具有大部分共性内容的同时，有着一定的内涵区别。

2. 机电专业内涵

（1）机电一体化技术。日本企业界在1970年左右最早提出"机电一体化技术"这一概念，即结合应用机械技术和电子技术于一体。随着计算机技术的迅猛发展和广泛应用，机电一体化技术获得前所未有的发展，成为一门综合计算机与信息技术、自动控制技术、传感与检测技术、伺服传动技术和机械技术等交叉的系统技术，目前正向光机电一体化技术方向发展，应用范围愈来愈广。

①机电一体化技术的技术内容。机电一体化技术的技术内容包括以下几个方面：

a. 机械技术。机械技术是机电一体化的基础。与传统的机械技术相比，机电一体化系统中的机械部分精度要求更高，结构更简单，性能更优越，可靠性更好；机械的零部件部分则要求模块化、标准化、规格化。因此，有许多新的课题要加以研究和运用。例如，对结构进行力学分析、热变形分析；进行结构优化设计，以使机械系统既减轻重量、缩小体积，又不降低机械的静、动刚度；采用新的结构元件，如高精度导轨、精密滚珠丝杆、高精度主轴轴承和高精度齿轮等，以提高关键部件的精度和可靠性；开发新型复合材料，以提高刀具、磨具的质量；通过零部件的模块化和标准化设计，提高其互换性和维护性。

b. 计算机与信息技术。信息处理技术包括信息的交换、存取、运算、判断与决策。实现信息处理的工具是计算机，因此计算机技术与信息处理技术是密切相关的。计算机技术包括计算机的软件技术和硬件技术、网络与通信技术、数据技术等。机电一体化系统中主要采用工业控制机（如可编程控制器、单片机、总线式工业控制机等）进行信息处理。

c. 自动控制技术。在自动控制理论指导下，对具体控制装置或控制系统进行设计，并对设计后的系统进行仿真和现场调试，最后使研制的系统可靠地投入运行。在机电一体化技术中，自动控制主要是解决如何提高产品的精度、提高加工效率、提高设备的有效利用率，从而实现机电一体化的目标最优化。自动控制技术包括位置控制、速度控制、自适应控制、自诊断、校正、补偿、检测等技术。

d. 传感与检测技术。传感与检测技术是系统的感受器官，它与信息系统的输入端相连，将检测到的信息输送到信息处理部分，控制相关动作。

假设蔬菜大棚内需要保持设定的温度、光照和湿度。这就需要使用相应的传感器，分别检测三种要素的现状，通过信息处理系统的分析，决定是否加热、是关小还是开大遮光帘、是否喷水等动作，如图2-1所示。

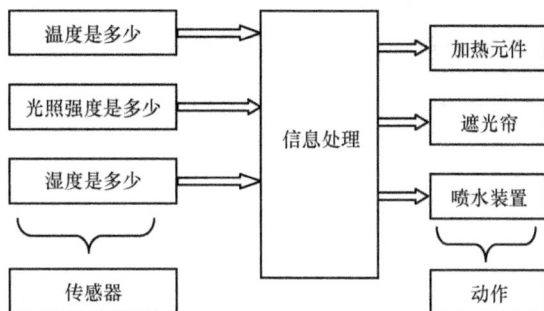

图2-1 传感器的使用

传感与检测是实现自动控制、自动调节的关键环节。它的功能越强，系统的自动化程度越高。传感与检测技术的研究内容包括两个方面：一是研究如何将各种被测量（如物理量、化学量、生物量等）转换为与之成比例的电量；二是研究如何对转换后的电信号进行加工处理，如放大、补偿、标定、变换等。

传感器是检测部分的核心。例如数控机床在加工过程中，利用力传感器或声发射传感器等，将刀具磨损情况检测出来与给定值进行比较，当刀具磨损到引起负荷转矩增大并超过规定的最大允许值时，机械手自动地进行更换，这是安全运行与提高加工质量的有力保障。

e. 伺服驱动技术。"伺服"一词源于希腊语"奴隶"，英语"Servo"。在伺服驱动方面，可以理解为电机转子的转动和停止完全根据信号的大小、方向，即在信号来到之前，转子静止不动；信号来到之后，转子立即转动；当信号消失，转子能即时自行停转。由于它的"伺服"性能，因此而得名——伺服系统。

伺服驱动技术就是在控制指令的作用下，控制驱动元件，使机械部件按照指令的要求进行运动，如回转、直线运动或其他复杂运动，并具有良好的动态性能。伺服驱动技术包括电动、气动、液压等各种类型的传动装置，这些驱动装置通过接口与计算机相连，在计算机的控制下，带动机械部件做机械回转、直线或其他各种复杂运动。

在伺服驱动技术方面，有一个重要的概念，即伺服系统。伺服系统是实现电信号到机械动作的转换装置或部件，对机电一体化系统的动态性能、控制质量和功能具有决定性的作用。常见的伺服系统有电气伺服系统和液压伺服系统。电气伺服系统控制灵活、成本低、可靠性高，其缺点是低速时输出的力矩小，如步进电机、交流伺服电机等。液压伺服系统工作稳定、响应速度快、输出的力矩大。其缺点是设备复杂、体积大、维护困难、污染环境。

伺服驱动技术作为数控机床、工业机器人及其他产业机械控制的关键技术之一，在国内外普遍受到关注。在20世纪最后10年间，微处理器（特别是数字信号处理器——DSP）技术、电力电子技术、网络技术、控制技术的发展为伺服驱动技术的进一步发展奠定了良好的基础。如果说20世纪80年代是交流伺服驱动技术取代直流伺服驱动技术的话，那么，20世纪90年代则是伺服驱动系统实现全数字化、智能化、网络化的10年。这一点在一些工业发达国家尤为明显。图2-2为使用伺服电动机作为动力元件的示意图。图2-3为使用普通电动机作为动力元件的示意图。

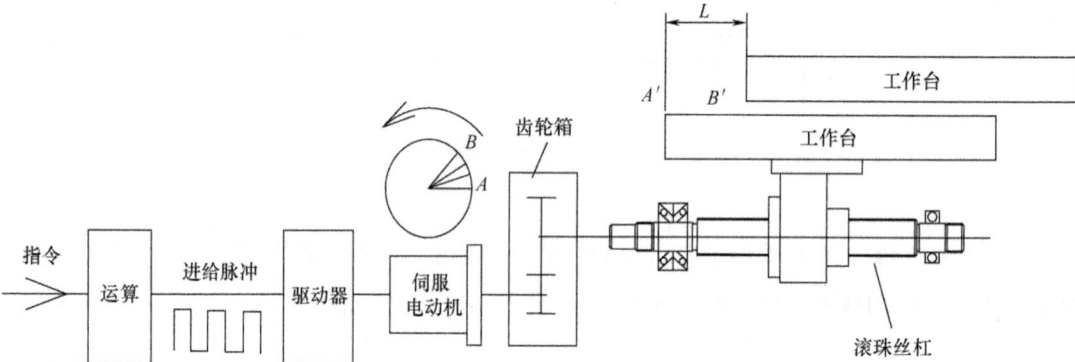

图2-2　伺服电动机驱动示意图

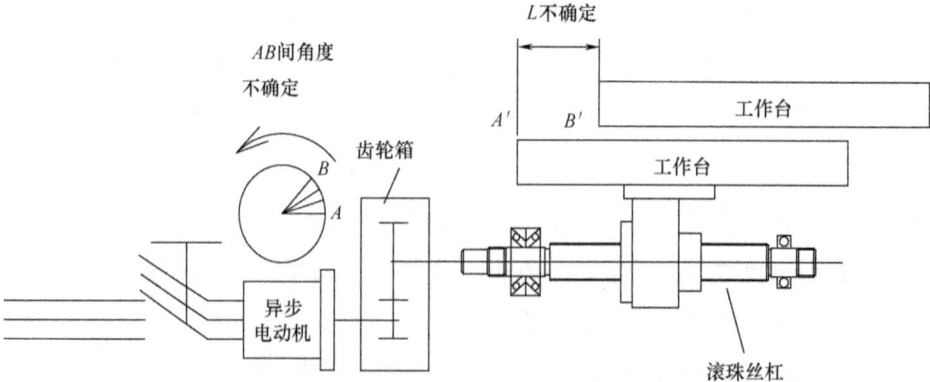

图2-3　普通电动机驱动示意图

图2-2中，伺服电动机接收经过驱动器放大后的指令信号，使伺服电动机准确地从旋转指令信号规定的角度（弧度AB），经过减速箱的减速，使丝杠旋转相应的角度，从而使工作台准确地从A′移动到B′，即移动距离为L。

图2-3中，如果用三相异步电动机代替伺服电机，则在三相电源接通后，三相异步电动机开始启动运行，在三相电源断开后，三相异步电动机停止运行，但不是立即停止，而要经过一个自由停转或减速停转的过程。自由停转或减速停转方式是由具体的控制电路决定的。在三相电源接通和断开之间，电动机旋转的角度（弧度AB）是无法确定的，因而工作台移动的距离L也是不确定的。

通过以上分析，可以进一步理解伺服电动机控制的原理。

f. 系统总体技术。系统总体技术是一种从整体目标出发，用系统的观点，从全局角度，将总体分解成相互有机联系的若干单元，找出能完成各个功能的技术方案，再把功能和技术方案组成方案组进行分析、评价和优选的综合应用技术。系统总体技术解决的是系统的性能优化问题和组成要素之间的有机联系问题。系统总体技术涉及很多方面，如接插件、接口转换、软件开放、微机应用技术、控制系统的成套性和成套设备自动化技术等。显然，即使各个组成要素的性能和可靠性很好，如果整个系统不能很好协调，系统也很难正常运行。

②机电一体化的发展方向。随着科学技术的发展和社会经济的进步，人们对机电一体化技术提出来许多新的和更高的要求。例如高精度激光打印机的平面反射镜和录像机磁头的平面度要求为0.4μm，粗超度为0.2μm。因而，机电一体化技术正朝着数字化、智能化、模块化、集成化、网络化、微型化、系统化等方向发展。

a. 数字化。微控制器及其发展奠定了机电产品的数字化基础，如不断发展的数控机床和机器人；计算机网络的迅速崛起则为数字化设计与制造铺平了道路，如虚拟设计、计算机集成制造等。数字化要求机电一体化产品的软件具有高可靠性、易操作性、可维护性、自诊断能力以及友好人机界面。数字化的实现将便于远程操作、诊断和修复。

b. 智能化。智能化是在控制理论的基础上，吸收人工智能、运筹学、计算机科学、模糊数学等新思想、新方法，模拟人类智能，使机器具有判断推理、逻辑思维、自主决策等能力，以求得到更高的控制目标。诚然，使机电一体化产品具有与人完全相同的智能是不可能的，也是不必要的。但是，高性能、高速的微处理器使机电一体化产品具有低级智能或人的部分智能，则是完全可能而又必要的。

c. 模块化。模块化是一项重要而艰巨的工程。由于机电一体化产品种类和生产厂家繁多，研制和开发具有标准机械接口、电气接口、动力接口、环境接口的机电一体化产品单元是一项十分复杂但又非常重要的事。如研制集减速、智能调速、电动机于一体的动力单元，具有视觉、图像处理、识别和测距等功能的控制单元以及各种能完成典型操作的机械装置。

这样，可利用标准单元迅速开发出新产品，同时也可以扩大生产规模。这需要制订各项标准，以便各部件、单元的匹配和接口。

d. 集成化。集成化既包括各种技术的相互渗透、相互融合和各种产品不同结构的优化复合，又包括在生产过程中同时处理加工、装配、检测、管理等多种工序。为了实现多品种、小批量生产的自动化与高效率，应使系统具有更广泛的柔性。首先可将系统分为若干层次，使系统功能分散，并使各部分协调而又安全地运转，然后再通过软件、硬件将各个层次有机地联系起来，使其性能最优、性能最强。

e. 网络化。20世纪90年代，计算机技术等的突出成就是网络技术。各种网络将全球经济、生产连成一片，企业间的竞争也将全球化。机电一体化新产品一旦研制出来，只要其功能独到，质量可靠，很快就会畅销全球。由于网络的普及，基于网络的各种远程控制和监视技术方兴未艾，而远程控制的终端设备本身就是机电一体化产品。现场总线和局域网技术使家用电器网络化已成大势，利用家庭网络将各种家用电器连接成以计算机为中心的计算机集成家电系统，使人们在家里分享各种高技术带来的便利与快乐。因此，机电一体化产品无疑朝着网络化方向发展。

f. 微型化。微机电一体化产品采用精细加工技术，体积小、耗能少、运动灵活，在生物医疗、军事、信息等方面具有不可比拟的优势。自1986年美国斯坦福大学研制出第一个医用微探针，1988年美国加州大学伯克利分校研制出第一个微电机以来，国际上在MEMS工艺、材料以及微观机理研究方面取得了很大进步，开发出各种MEMS器件和系统，如各种微型传感器（压力传感器、微加速度计、微触觉传感器）和各种微构件（微膜、微梁、微探针、微连杆、微齿轮、微轴承、微泵、微弹簧以及微机器人等）。

g. 系统化。系统化的表现特征之一就是系统体系结构进一步采用开放式和模式化的总线结构，系统可以灵活组态，进行任意剪裁和组合，同时寻求实现多子系统协调控制和综合管理。系统化的表现特征之二是通信功能的大大加强，一般除RS232外，还有RS485、DCS。

由此可见，机电一体化的出现不是孤立的，它是许多科学技术的结晶，是社会生产力发展到一定阶段的必然要求。当然，与机电一体化相关的技术还有很多，并且随着科学技术的发展，各种技术相互融合的趋势将越来越明显，机电一体化技术的发展前景也将越来越光明。

（2）纺织机电技术。纺织机电设备与人们的着装密切相关。

织布生产技术有着悠久的历史，其发展过程经历了原始手工织布、手工急切织布、普通机器织造、自动织机织造和无梭织机织造五个阶段。

在原始手工织布阶段，人们采用简单的工具，将经、纬纱交织成织物，所采用的工具都由人工直接赋予动作。原始手工织布方法经历了漫长的历史演变后，出现了由原动机件、传动机件和工作机件三个部分组成的手织机，这种手织机为近代的传动机器进行大工业生产创造了条件。

进入18世纪后，织布技术有了较快的发展。1785年英国人E.卡特赖特制造出能完成开口、投梭和卷布三个基本动作的动力织机，这是第一台用动力传动的织机，从那时候起织布技术进入了工业化织造时代。

用动力传动的有梭织机可以分为两大类：一类是需要人工补纬的普通织机，另一类是由机构自动完成补纬的自动织机。人们为使普通织机的补纬自动化，经历了一个多世纪的努力，直到1892年，美国人J.诺斯勒普首先发明了自动换纡，当纬管上的纬纱用完时，通过换纡机构将满纡子换入梭内，同时排出空纬管。而自动换梭的补纬方法是在1926年由日本人韦田佐吉发明的，当自动换梭机纬管上的纬纱用完时，通过换梭机构将装有满纡子的梭子换入梭箱，同时排出纡子已空的梭子，至自动换梭织机问世，织造技术进入了自动织机织造的新时代。

普通织机及其后来的自动织机所采用的引纬原理，在本质上与手工机器织布相同，即都是用传统的梭子作载纬器。但凡采用传统梭子引纬的织机都被称为有梭织机。有梭织机的引纬具有三个特征：一是引纬器为体积大、质量大的投射器，二是该投射器内容有纬纱卷装，三是引纬器被反复投射。

有梭织机引纬的特征是梭口尺寸特别大，以避免梭子进出梭口时与经纱产生过分的挤压致使经纱受损。即使在较低的车速和入纬率下，投梭加速过程和制梭减速过程仍然十分激烈。因此，织机的零部件耗损多，机器震动大，噪声高达100~105dB，工人的劳动环境差，劳动强度大。有梭织机的这些缺点限制了车速和入纬率的进一步提高。

从20世纪初开始，人们不再采用笨重梭子引纬的传动原理，提出了由引纬器直接从固定筒子上将纬纱引入梭口的新型引纬原理，并陆续获得成功。但凡采用这种原理形成机织物的织机，统称为无梭织机或新型织机。目前，已经得到了广泛应用的无梭织机有片梭织机、剑杆织机、喷气织机和喷水织机四大类型。此外，还有一些新的织造技术问世，如多相织机，它可以取得更高的入纬率，但是所生产的织物品种有较大的局限性，故尚未在生产中得到大量应用。

无梭织机飞速发展的20世纪，可以说是个辉煌的一百年，在这期间，织造技术取得了飞速的发展。著名的KRAUSE教授把这方面的技术发展归纳为织机的生产率的极大提高。如今，无梭织机已经在世界范围内得到普遍应用，今后10年，世界纺织工业的原料结构将从以棉、毛、丝、麻等天然纤维为主，逐渐转化为以化纤为主。因此，将特别适宜织造化纤织物的喷水织机将有更加广阔的应用前景。

喷水织机是由捷克人发明的，并取得了专利权。喷水织机利用水为引纬介质，以喷射水流对纬纱产生摩擦牵引力，使固定筒子上的纬纱引入梭口。由于水射流的集束性较空气好得多，喷水织机上没有任何防止水流扩散装置，即使这样筘幅也能达到2米多，且其机器速度和入纬率一直处于领先水平。喷水织机通过喷水产生的射流来达到引纬的目的，与喷气织机相比，其射流具有更高的集束性、更大的驱动力和良好的引纬作用，噪声也较低。喷水引纬具有适应高速运转和能量消耗少的优点。喷水织机的引纬介质—水体积小、质量轻、所需的梭口高度小、筘座打纬动程短，这就为织机的高速度、宽筘幅、低噪声提供了可能性。目前，喷水织机的最高车速、最大织幅以及最高入纬率分别约为2000r / min，230cm和3200m / min。

喷水织机不仅引纬原理及其装置先进。它的其他机构和装置也都有了很大的发展，自动化程度很高，如自动找纬（自动对梭口）装置、自动处理断纬装置等。喷水织机上的电动技术、微机技术应用很普遍，如电子多臂、电子送经、电子卷取和电子选色等，在很多机型上实现了"机、电、仪"一体化，它们一方面适应了高速织造的要求，另一方面也提高了产品质量和劳动生产率。

21世纪，片梭织机、剑杆织机和喷射织机将形成三足鼎立的局面。片梭织机以带夹子的小型片状梭子夹持纬纱，投射引纬，具有引纬稳定、织物质量优、纬回丝少等优点，适用于多色纬织物、细密、厚密织物以及宽幅织物的生产，但是机器价格贵；剑杆织机用刚性或挠性的剑杆头、带来夹持、导引纬纱，最大特点是换色方便，适宜多色纬织造，但是纬纱受力较大，单位产量占地面积也略大，价格较贵；喷气织机用喷射出的压缩气流对纬纱进行牵引，将纬纱带过梭口，其劳动生产率高，但是能耗较大。喷水织机利用水作为引纬介质，以喷射水流对纬纱产生摩擦牵引力，使固定筒子上的纬纱引入梭口。具有高速高产、能耗及占地面积少等优势，并且价格低，但是其主要用于表面光滑的疏水性长丝类织物的生产。目前喷水织机的生产厂家主要在日本、捷克和意大利，最近在韩国和中国合作机型也开始进入国内市场。但是从技术的先进性和市场上的实绩来看，竞争力领先的依然是日本产的TEXSYS株式会社和津田驹工业株式会社，其机型分别为日产系列和津田驹系列，同时也分别与我国的沈阳纺织机械厂及咸阳纺织机械厂进行合作生产喷水织机。随着化纤织物需求量的不断增加，喷水织机将在我国以及世界上供不应求。

上述无梭织机共同的基本特点是将纬纱卷装从梭子中分离出来，或是仅携带少量的纬纱以小而轻的引纬器代替大而重的梭子，为高速引纬提供了有利的条件。在纬纱的供给上，又直接采用筒子卷装，通过储纬装置进入引纬机构，使织机摆脱了频繁的补纬动作。因此，采用无梭织机对于增加织物品种、调整织物结构、减少织物疵点、提高织物质量、降低噪声、改善劳动条件具有重要意义。无梭织机车速高，通常比有梭织机效率高4~8倍，所以大面积地应用无梭织机，可以大幅度提高劳动生产率。

由于无梭织机的结构日臻完善，选用材料范围广泛，加工精度越来越高，加上世界科技发展，电子技术、微电子控制技术逐步取代机械技术，无梭织机的制造是冶金、机械、电子、化工和流体动力等多学科相结合，集电子技术、计算机技术、精密机械技术和纺织技术于一体的高新技术产品。

纺织工业是我国的传统工业，纺织机械是一种不可替代的产品。近年来，通过参与国际竞争，促进并推动了纺织产品及纺织设备的更新换代，企业装备了大量的现代纺织设备，这些新型纺织设备具有高度机电一体化特征，运用电气控制技术、微电子技术、计算机信息技术、光学技术与现代机械等技术，提高了生产效率，降低了产品成本，保证了产品质量。

机电一体化技术在纺织生产领域中的广泛应用，带动了纺织业的飞速发展，而与之相适应的纺织设备维护、检修、管理人才大量缺乏，而且过去的机械维护和电气维护分离的技术格局已远远不能满足现代设备维护的要求，新型纺织机电技术专业适应纺织行业发展的需要。

新型纺织机电技术专业是一种新兴的、复合型专业。新型纺织机电设备正在朝着一个自动化程度更高、效率更高、用工更少的方向发展。

新型纺织机电技术是以数字信息处理为基础，集机械制造、微电子、计算机、现代控制、传感检测、信息处理、液压气动等技术于一体的复合技术。新型纺织机电技术专业是根据产品的高效、低成本生产要求而不是根据自然学科分工而设置的，即以生产和技术领域的分工为依据而设置的。所以新型纺织机电技术专业具有综合性、先进性、应用性等特征。

新型纺织机电技术专业因其社会需求量大、专业内涵丰富、课程内容综合性强，高职专业特色和优势明显。

纺织产品的生产过程经过以下几个过程：将原料（如棉花）变成丝或线，将丝或线变成织物（如布），将织物进行染整，最后得到成品，如图2-4所示。

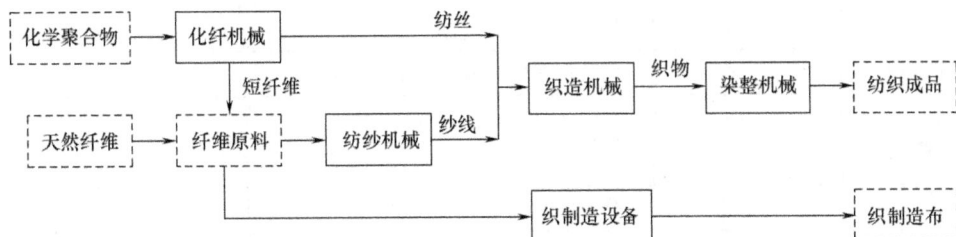

图2-4 纺织产品形成过程

纺织机械的种类非常丰富，可分为纺纱机械、化纤机械、织造机械、染整机械、非织造设备等。

①纺纱机械：是将纤维原料（包括棉、毛、丝、麻等天然纤维和化学纤维）加工成纱线的机器。

②化纤机械：是将化学聚合物加工成化学纤维（包括长丝、短纤维、变形丝等）的机器，主要分为长纤维生产线和短纤维生产线。

③织造机械：是将纱线或化纤纺丝通过机织或针织工艺加工成织物（布）的机器。

④染整机械：是将织物通过物理或化学方法进行染色、印花及后整理加工的机器。

⑤非织造设备：是将纤维原料通过成网和加固或黏结等工艺（不经纺纱和织造）制成布状产品的机器。

纺织机械品种繁多、结构复杂、用途及性能各有不同。

根据中国纺织机械行业的分类方法，纺织机械的分类如表2-1所示。

表2-1 纺织机械设备的分类

大 类	分 类	举 例
棉纺设备	开清棉设备	抓棉机、预开清棉机、梳棉机、开清棉辅机
	精梳机	
	并条机	单眼并条机、双眼并条机、高速并条机
	粗纱机	粗纱机、电脑粗纱机
	细纱机	环锭细纱机、棉纺细纱机、数控细纱机、转杯纺纱机、喷气纺纱机
	纺纱机	
	细纱机配件	梳棉机配件、精梳机配件、并条机配件、粗纱机配件、棉纺机械配件、纺纱机配件
毛纺机械		
麻纺机械		
丝绸机械		
络并捻机械	络筒机	松式络筒机、槽筒式络筒机、绞纱络筒机、自动络筒机
	摇纱机	摇纱机、双面摇纱机
	并纱机	电子并纱机、高速并纱机
	捻线机	捻线机、直捻机、花式捻线机
	络并捻机械配件	
织造机械	整经机	分条整经机、分批整经机、分纱整经机
	卷纬机	
	浆纱机	
	结经机	
	织带机	高速织带机、电脑织带机
	剑杆织机	

续表

大类	分类	举例
织造机械	喷气织机	
	喷水织机	
	有梭织机	
	织造机械配件	整经机配件、卷纬机配件、浆纱机配件、有梭织机配件、无梭织机配件
针织机械	圆纬机	单面圆纬机、双面圆纬机、人造毛皮机、无缝内衣机、毛巾机
	横机	手摇横机、自动横机、电脑横机
	经编机	特里科经编机、拉舍尔经编机、特殊经编机
	袜机	针筒袜机、电脑袜机
	手套机	
	编织机	高速编织机、高速绳带编织机
	绣花机	
	针织机械配件	圆纬机配件、横机配件、经编机配件、编织机配件、绣花机配件、袜机配件
印染整机械	前处理设备	烧毛机、清洗机、退煮漂联合机、丝光机、洗涤机、缩呢机
	染色设备	高温高压染色机、常温常压染色机、溢流染色机、绞纱染色机、筒子纱染色机、成衣染色机、卷染机、轧染机、浆染联合机
	印花设备	印花机、圆网印花机、平网印花机、转移印花机、数码印花机
	后整理设备	涂层机、磨毛机、剪毛机、焙烘机、染浆联合机、预缩整理机
	印染整机械配件	染色机配件、印花机配件
化纤机械及配件		
非织造机械及配件		
器材专件	纺纱器材专件	梳理器材、牵伸器材、转杯纺器材、纱线捻接器、金属槽筒、丝圈、纱管、上销、锭子、罗拉、钢领、摇架
	针织器材专件	
	织造器材专件	停经片、多臂装置、钢片综、剑杆带、传剑轮、喷嘴、卷布辊、凸轮、尼龙梭
	印染器材专件	刮刀、布铗、导布辊、烘筒、轧辊、吸边器、染色管、色卡
	带类器材	
	纺织器材辅机	电子清纱器、刺辊包磨机、磨皮辊机、压皮辊机、锭子清洗加油机、磨塑胶皮辊机
纺织仪器		条干均匀度测试分析仪、快速棉纤维性能测试仪、纱线捻度仪、全自动单纱强力仪、电子强力仪、数字式纱线张力仪、电子单纱强力机、棉纤维气流仪、全毛羽测试仪、染色摩擦色牢度仪

细纱机简介

细纱是纺纱过程中的最后一道工序，它是将粗纱经过进一步的拉长抽细到一定程度，加捻卷绕成一定卷装，并符合国家质量标准的细纱，以供制线，织造使用，其具体作用是：

①牵伸—将粗纱抽长拉细成所需细度的须条。

②加捻—将须条加捻成有一定捻度的细纱。

③卷绕成形—将细纱绕成一定卷装，供存储、运输和进一步加工之用。

细纱机的组成

细纱机的主要由以下几个部分组成：

①喂入部分。粗纱架、粗纱支持器（托锭支持器、吊锭支持器两种）导纱杆、横动导纱装置。

②牵伸部分。牵伸罗拉、罗拉轴承、胶辊、罗拉座、上下皮圈销和皮圈\弹簧摇架、隔距块、集合器。

③加捻卷绕部分。导纱、隔纱板、钢领、钢丝圈、清洁器、锭子、纱管、锭带轮等。

④成型部分。成型凸轮、成型摇臂、链条、分配轴、牵吊轮（杆带、钢领板和导纱板的升横臂）。

细纱机的工艺过程

在细纱机中，纱线经过粗纱筒管——导纱杆——牵伸装置——导纱钩——钢丝圈——细纱筒管后成型。

细纱机的工艺过程如图2-5所示。

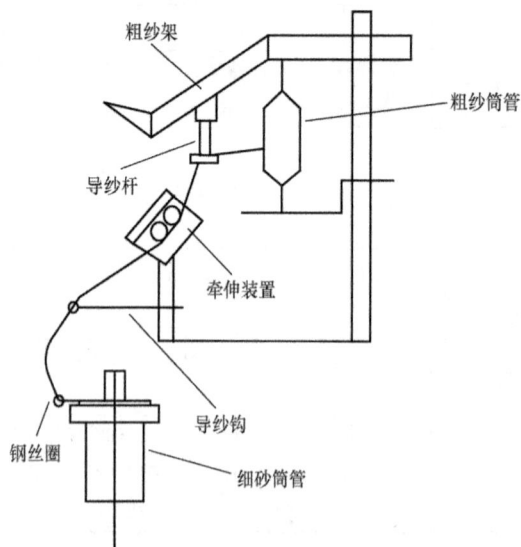

图2-5 细纱机的工艺过程

细纱机的任务是通过牵伸、加捻作用将纺成的细纱卷绕在筒管上，便于后加工。细纱机的外形如图2-6所示。

图2-6 细纱机外形

络筒机简介

络筒（又称络纱）是纺纱的最后一道工序，织前准备的第一道工序，络筒机的任务是将来自纺部的管纱加工成符合一定要求的筒子，并在卷绕过程中去除纱疵。简单说来，就是将线绕于线管上的机械，起着承上启下的"桥梁"作用。

络筒的主要任务

络筒的主要任务如下：

①改变卷装，增加纱线卷装的容纱量。通过络筒将容量较少的管纱（或绞纱）连接起来，做成容量较大的筒子，一只筒子的容量相当于二十多只管纱。筒子可用于整经，并捻，卷纬染色无梭织机上的纬纱以及针织等。这些工序如果直接使用管纱会造成停台时间过多，影响生产效率的提高，同时也影响产品质量的提高，所以增加卷装容量是提高后道工序生产率和质量的必要条件。

②清除纱线上的疵点，改善纱线品质。棉纺厂生产的纱线上存在着一些疵点和杂质，比如粗节，细节，双纱，弱捻纱，棉结等。络筒时利用清纱装置对纱线进行检查，清除纱线上对织物的质量有影响的疵点和杂质，提高纱线的均匀度和光洁度，以利于减少纱线在后道工序中的断头，提高织物的外观质量。纱线上的疵点和杂质在络筒工序被清除是最合理的，因为络筒每只筒子的工作是独立进行的，在某只筒子处理断头时，其他筒子可以不受影响继续工作。

络筒的工艺要求

络筒的工艺要求如下：

①卷绕张力适当，不损伤纱线原有的物理机械性能。

②筒子卷装容量大，成形良好便于退绕。

③纱线接头小而牢尽量形成无结头纱线。

④用于整经的筒子要定长，用于染色筒子要结构均匀（卷密均匀）。

⑤无攀丝。如果横动中回头不及时，丝线卷绕超出原定的边界就会产生攀丝。这样，筒子在退绕过程中攀丝处就会出现绊倒筒子等现象，影响使用。

⑥无硬边。由于纱线卷绕中在筒子两端卷绕的纱线较多，因此会导致硬边的产生，从而影响后面的工序，比如染色工序。

⑦无重叠。当筒子的卷绕直径增大到某一定值时，导纱往复一次中筒子的转数恰好为整数，这时筒子上相邻两层纱圈便重合在一起。重合若干次后，纱线便在筒子表面形成绳状突起，这种现象被称为重叠，产生重叠后的筒子表面凹凸不平，在络筒时纱线的摩擦加剧，造成筒子剧烈振动。同时重叠的纱条在筒子两端产生滑边，影响后道工序，不过在半自动络筒机中由于卷绕比是由硬件齿轮固定的，因此应该不会产生重叠现象。

络筒机是集机、电、仪、气一体化的高水平的最新一代纺织机械产品，络筒机配置有空气捻结器、电子清纱器、机械防叠装置、恒张力装置、定长装置等。图2-7为自动络筒机的外形图。

图2-7　自动络筒机外形图

自动络筒机的技术应用

①定长测量。络筒后每桶的纱线长度是有约定的。一般地，纱线长度的测量有三种方

法：一是测量厚度，该方法误差较大。二是测量压辊的线速度，因为压辊的旋转与纱线保持线速度一致，可以采用编码器或霍尔传感器来测量压辊的线速度，不过也存在一定的误差，要进行修正，这也是目前用得较多的方法。三是采用建立数学模型的方法。

②恒线速度控制。在络筒过程中，随着纱筒直径的变大，如果纱筒的旋转速度不变，则纱线的线速度增大，绕出的纱线就会内松外紧，不能绕出理想的纱线。因而，需要采用变频技术，使纱筒的旋转速度随着纱筒直径的变大而减小，使纱线的线速度恒定不变。

③二是恒张力控制。络筒张力适当，能使落成的筒子成型良好、具有一定的卷绕密度而不损伤纱线的物理机械性能，而且可以使弱捻纱预先断裂，这样，经过从新捻接后的纱线由于去除了薄弱环节，可以提高后道工序的效率。若张力过大，会使纱线弹性损失，不利于织造。若张力过小，会使落成的筒子成型不良，且断头时纱线容易嵌入有边筒子的内部，接头时不容易寻找，因而降低工作效率，不利于人员织造。

使用张力器，用来调节纱线的张力，让张力保持在一个值附近。

络筒机的结构与工作原理

络筒机的结构组成如下：

①卷绕机构。络筒卷绕是使纱线以螺旋线的形状均匀地卷绕在筒管的表面形成筒子。

卷绕成形机构有三种方式：筒管直接转动，导纱器导纱；滚筒摩擦传动，导纱器导纱；槽筒摩擦传动，沟槽导纱。

这里是采用一个变频器控制一个独立的电动机，该电动机再通过两个齿轮来分别带动筒管转动和导纱器的横动，具体的机械连接安装传动装置中。该类型半自动络筒机是采用筒管直接转动，导纱器导纱的卷绕方式卷绕时筒子要紧靠压辊以保证纱线卷绕时成形良好。变频器的功能设计上，在频率源选择时有一种络筒机专用给定方式。在该给定方式下，当按下启动开关，变频器启动后，变频器的输出频率从初始频率根据设定长度慢慢调整到终止频率，这种控制方式用于一些要求筒子里松外紧的工艺要求时。另外一种控制方式就是恒线速度控制。恒线速度控制方式可以保证纱锭良好的松紧度。筒管转动是实现将纱线卷绕到筒子表面的一个步骤，另外还要通过导纱器带动纱线沿着筒管轴线方向做往复运动，把纱线均匀分布到筒管表面，根据往复运动的不同可以形成不同卷绕形式的筒子。这里导纱器的往复运动也是由机械装置实现的，在传动装置中，有一个齿轮用来控制导纱器的横动，从齿轮处延伸一根长轴出来当成导纱器的运行轨道。为实现收边功能，还在导纱器的底部安装有一个凸轮。而为了实现差绕功能，则还要用到横轴，横轴由一台专门的电机驱动，该电机上电后就直接运转，然后带动横轴做低速运转，横轴上的机械装置同时影响导纱器的运行轨迹，以实现差绕的功能。

②定长控制。该络筒机是通过记录压辊的转数换算成周长来完成定长功能，实现的过程

如下：通过重力装置，使筒子与压辊紧密接触，筒子转动时带动压辊旋转，在压辊的一端上贴一张感应纸，然后采用一个霍尔传感器对着该感应纸，霍尔传感器的输出接到变频器上。当压辊转动时，霍尔传感器就可以输出一连串的脉冲信号，变频器通过捕捉脉冲信号来计算纱线的长度，以实现定长停车，纱线长度显示等功能。不过这种计算定长的方法会存在一定的误差。

③纱线超喂。由于筒子卷绕过程中纱线线速度肯定大于纱筒退绕线速度，张力值也因此增大，而过大的张力不但得不到优质纱筒，而且会增加纱线的断头，降低生产效率。因此，在络筒机中会增加超喂装置使送出纱线的速度大于卷取纱线的速度，将纱线卷绕时筒子硬拖纱线的状况改变成缓和地卷取纱线的状况，从而减少断头，获得满意的卷绕筒子。超喂装置的主要构成部分就是超喂电机，作用是用来退绕纱筒，调整张力。

④断纱检测。该络筒机中有断纱检测装置。络筒机中安装了一个光电传感器，传感器的输出接到变频器上，如果有纱线经过则指示灯亮，无纱线时指示灯灭，并传送断纱信号到变频器，然后变频器就可以做出相应的处理（比如继纱停车，记录当前纱长，故障指示等）。采用光电传感器可以避免与纱的摩擦。

⑤张力控制。络筒机中张力控制装置方法，是在纱线路径中设置一个张力门装置，用来调节纱线的张力，让张力保持在一个值附近。

新型纺织机电技术是以机电一体化控制技术为主线，以新型纺织设备为载体，培养面向纺织企业，从事设备维护、管理的机电一体化人才，满足社会对新型纺织机电技术复合型人才的日益需求。学生就业方向：纺织机械制造业；纺织生产企业；纺织机械营销单位及售后服务部门等。毕业生可在企业里担任纺织机械选型、配置、安装、调试、维护、管理、岗位操作、质量检测和技术改造；纺织机械设备的生产、管理、营销和对外贸易。

（3）电气自动化技术。

①专业背景。20世纪70年代，执行元件的驱动电压是直流的，其控制方式也是直流电的，自动化系统的工作方式是很简单、粗糙的，精度也很低。随着晶体管、大功率晶体管、场效应管等大功率的电子器件的出现和成熟以及建立在场的理论上、以现代数学、矩阵代数为理论依据的弱电强电控制系统，使电子技术与自动化达到新的历史高度。至此，本专业得到了广泛的发展，这一时期的电子技术与自动化、计算机的有机结合，赋予自动化专业以全新的内涵。

电气自动化是电气信息领域的一门新兴学科，和人们的日常生活以及工业生产密切相关，是现代工业发展的支柱，它面向整个工业领域，是连接信息化与工业化的纽带，是诸多高新技术系统中不可缺少的关键技术之一。电气自动化发展非常迅速，已经成为高新技术产业的重要组成部分，广泛应用于工业、农业、国防等领域，在国民经济中发挥着越来越重要的作用，小到一个家庭，大到整个社会，都离不开自动化产品。

对电气自动化技术专业而言，控制理论是基础，电力电子技术、计算机技术则为其主要技术手段。该专业具有强弱电结合、电工电子技术相结合、软件与硬件相结合的特点，具有交叉学科的性质，电力、电子、控制、计算机多学科综合，使毕业生具有较强的适应能力，是"宽口径"专业。

随着世界经济发展逐步全球化，外资企业和合资企业不断进入中国，这些企业起点高、技术新，有大量的设备需要用到电气自动化控制方面的知识；与此同时，很多大中型企业为了提高产品质量和数量以加大竞争力，进行技术改造，也引进先进设备，机电一体化的设备越来越多，PLC控制技术、现场总线技术、变频技术、计算机集散控制技术（DCS）、微电子技术等新知识在各行各业中特别是在工业岗位中用得越来越多，原来这些岗位的人员只懂得传统的控制，故在未来的五至十年内急需大量高层次、具有较强实践能力的技能型专门人才去充实这些岗位，以满足和适应不断增长新技术的需要，这样就需要大量的电气自动化技术专业人才，另外商业、娱乐场所、住宅管理也需要这样的高级技术应用型人才。

当然，电气自动化专业需要具有扎实的数学、物理基础，较强的外语综合能力，为今后能够掌握并且灵活运用专业知识做准备。虽然该专业方向的人才需求量大，但可供选择的人也很多，如果没有非常强的综合素质，很难在众人之中脱颖而出，取得突出成绩。这对许多胸怀远大志向的学生来说是需要注意的。

电气控制系统是机电产品的灵魂，是实现自动化的必备手段。由于本专业研究范围广，应用前景好，毕业生的专业素养相对较高，因此就业形势非常好。

电气自动化技术专业主要培养掌握电气技术、电力自动化技术、各种电气设备及自动化设备的基本原理和分析方法，能够从事供用电、各类电气设备、电气控制及自动化系统的安装、设计、调试、维护、技术改造、产品开发和技术管理的高级技术应用型专门人才。

②典型产品。工业机器人、人们经常乘坐的电梯、制造行业广泛使用的数控机床等都是典型的机电一体化产品。

a. 机器人。机器人是集计算机、控制论、机构学、信息和传感技术、人工智能、仿生学等多种学科而形成的高新技术产品。机器人并不是在简单意义上代替人工劳动，而是综合了人和机器的特长的一种拟人的电子机械装置，既有人对环境状态的快速反应和分析判断能力，又有机器长时间持续工作、精确度高、抗恶劣环境的能力。从某种意义上讲，机器人也是机器进化过程的产物，它是工业以及非产业界的重要生产和服务性设备，也是先进制造技术领域不可缺少的自动化设备。

如图2-8所示是日本YASKAWA工业机器人及控制柜系统，由机械本体、控制器、伺服驱动系统和检测传感装置构成。通过编程，该机器人能以一定速度作定位运动，分别完成升降、旋转、抓取与放置工件等各种动作。

工业机器人由主体、驱动系统和控制系统三部分组成。主体即机座和执行机构，有的机器人还有行走机构。

图2-9所示为一种机械手主体结构简图，由机座、升降臂、大臂、小臂和手爪等组成，通过控制系统，使机器人做定位、上升、下降、旋转、抓取、放松等各种动作。系统设有自动、手动、停止和急停等功能，实现对工业机器人的各种控制。

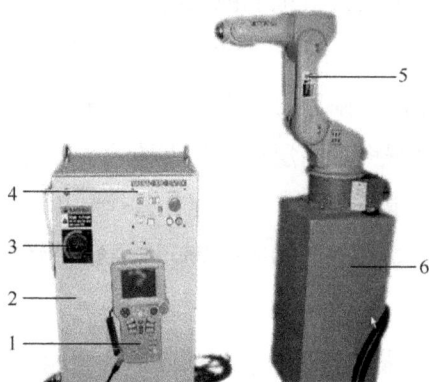

图2-8　工业机器人
1—编程控制器　2—控制柜系统　3—电源开关
4—显示控制面板　5—机械手　6—安装底座

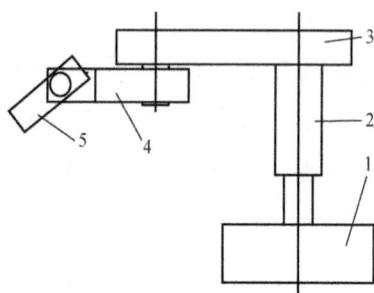

图2-9　工业机器人结构简图
1—机座　2—升降臂　3—大臂
4—小臂　5—手爪

该工业机器人使用的控制器为 Logix PLC，它可以连接多个伺服驱动器，使用 RSLogix 5000编程软件，通过 Logix5555 处理器，实现对多个伺服电动机的驱动。

驱动器接收控制器的指令，控制伺服电动机的运行。YASKAWA 工业机器人使用了 2908-DSD-005-SE 和两种驱动器，输出功率分别为500W和1kW。

机器人的每个关节都采用一个伺服电动机进行控制。比如，升降臂采用Y-2006-2-H04AA伺服电动机，由驱动器2908-DSD-010-SE进行控制。该电动机惯量小、加速度大、转速为5000r/min，安装有广电编码器、24VDC抱闸器，具有较高的位置精度和灵活性，适合机器人的控制要求。

b. 电梯。电梯是一种以电动机为动力的垂直方向的交通工具，在高层建筑和公共场所已经成为重要的建筑设备而不可或缺，它与人们的生活、工作有着越来越密切的关系。从20世纪80年代以来，电梯控制技术便朝着电气传动交流化、自动控制微机化方向发展，交流传动处于主导地位并取代直流传动，微机取代大部分继电器和硬件逻辑电子电路。

1889年，美国在原来液压梯的基础上，推出了世界第一部以电动机为动力的升降机。其机械结构采用卷筒式驱动方式，将曳引绳缠卷在卷筒上，钢丝绳一端固定在轿厢上，另一端固定在卷筒上。电动机正转，拖动卷筒转动，钢丝绳卷绕，使轿厢上升；电动机反转，拖动卷筒转动，钢丝绳释放，使轿厢下降。这种电梯，在提升高度、钢丝绳根数、载重量方面，都有一定的局限性，在安全运行方面存在着严重的缺陷。

1903年，美国推出了曳引式电梯。曳引式电梯是由电动机带动曳引轮转动，钢丝绳通过曳引轮绳槽，一端固定在轿厢上，另一端固定在对重块上。钢丝绳与曳引轮之间产生摩擦力，带动轿厢运动。轿厢上升时，对重块下降，轿厢下降时，对重块上升。因此，只要在牵引系统的强度范围内，通过改变曳引绳长度，就可以适应不同的提升高度，而不像卷筒式那样，受卷筒长度的限制。由于曳引式驱动可以使用多条钢丝绳，而且由于升降是使用摩擦力的作用，不会造成曳引绳的断裂，所以曳引式电梯的安全性大大提高。

1924年电梯采用了信号控制系统，进一步提高了电梯的自动控制功能。

此后，新技术，特别是电子技术被广泛地应用于电梯。

1949年在美国联合大厦，出现了4~6部电梯的群控系统，实现了按照设定程序集中调度和控制电梯。

1955年研制出了小型计算机控制的电梯。

1962年美国出现了速度达8.5m/s的超高速电梯。

1967年将晶闸管应用于电梯拖动系统中。随着电力电子技术的发展，在用晶闸管取代直流电动机组的同时，研制出了交流调压调速系统，使电梯的调试性能得到明显改善。

20世纪70~80年代是电梯控制装置采用微机及其软件开发大为发展的年代。例如用微机控制电梯的速度、电梯的运行管理等，其精确的控制使电梯的舒适性和群控性得到进一步提高。同时，由于电子技术的应用，使原先的控制柜的结构和原理发生了变革，其体积大大减小，可靠性大大增加。

在功能上，电梯一般能实现楼层检测、轿箱内选层、门厅呼叫、电梯选向、电梯变速、电梯的平层启动和制动、电梯开关门等。

电梯控制系统由电动机、变频调速器、控制器（PLC、单片机或计算机）、位置开关、呼叫按钮、楼层显示器、报警器等构成。总体框图如图2-10所示。

c. 数控机床。数控机床的高精度、高效率及其柔性化，决定了数控技术是当今先进制造和设备的核心技术，是工厂自动化的基础。

数控机床是指采用数字代码形式的信息（程序指令），控制刀具按给定的工作程序、运动速度和轨迹进行自动加工的机床。数控机床实现了加工过程的自动化操作。

在数控机床上加工零件时，首先要将被加工零件图上的几何信息和工艺信息数字化。先根据零件加工图样的要求确定零件加工的工艺过程、工艺参数、刀具参数，再按数控机床规定采用的代码和程序格式，将与加工零件有关的信息如工件的尺寸、刀具运动中心轨迹、位

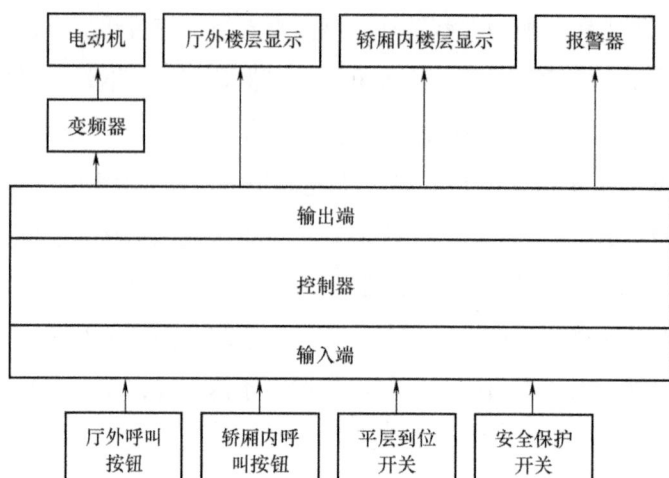

图2-10 电梯控制系统

移量、切削参数（主轴转速、切削进给量、背吃刀量）以及辅助操作（换刀、主轴的正转与反转、切削液的开与关）等编制成加工程序，并将程序输入数控装置，经数控系统分析处理后，发出指令控制机床进行自动加工。

数控机床分为数控车床、数控铣床、数控钻床、加工中心等，如图2-11所示。

图2-11 数控机床

数控机床的机械本体必须满足刚性高、热变形小等特点。尽管数控机床是一种自动控制的设备，可以进行自动调整和补偿，但自动调整和补偿也是有条件限制的，需要以机械本体精度为前提。

除机械本体以外的部分称为控制系统。控制系统一般由数控装置、驱动器、伺服电动机、测量装置、控制电路等组成。

数控装置是机床的运算和控制中心。一般由输入接口、储存器、中央处理器（CPU）、PLC、输出接口等组成，如图2-12所示。数控装置接受加工信息，进行相应的运算和处理，发出控制指令，使刀具实现相对运动，完成零件加工。

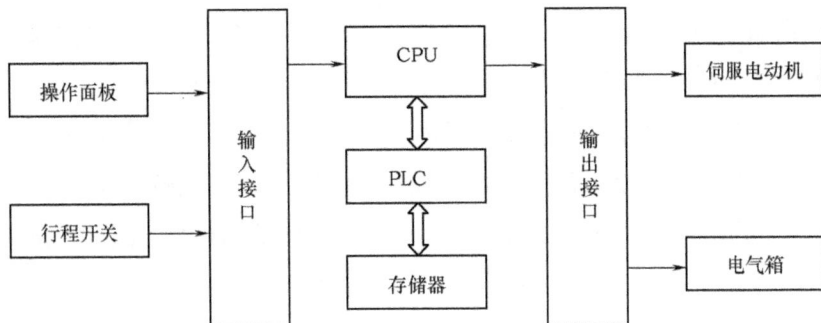

图2-12　数控装置的组成

3.高等职业技术教育的功能

高等职业技术教育是高等教育的一个重要类型，是指在高中阶段教育的基础上，为适应某种职业岗位群或业务领域的需要而进行的知识、技能和素养的教育。它兼具高等教育和职业教育双重属性，高职学生不仅要掌握较高层次的专业理论知识，具有较强实践动手能力、分析问题与解决问题的能力，还应具备创新意识和职业岗位群适应能力、可持续发展的能力。

（1）高等职业技术教育的培养目标。国家教育部〔2006〕16号文件《关于全面提高高等职业教育教学质量的若干意见》，对高职专业人才培养目标与基本要求进行了充分的阐述。

高等职业教育是高等教育发展的一个类型，肩负着培养面向生产、建设、服务和管理第一线需要的技术技能性人才的需要。

高等职业院校要坚持育人为本、德育先行、把社会主义革命核心价值体系融入高等职业教育人才培养的全过程。要高度重视学生的职业道德和法制教育，重视培养学生的诚信品质、敬业精神和责任意识、遵纪守法意识，培养出一批高素质的技能型人才。教育学生学会交流沟通和团队协作，提高学生的实践能力、创造能力、就业能力和创造能力。

由此可见，高职专业人才培养目标是把学生培养成高技能、实干型人才。

①高素质是高职专业人才培养的首要目标。高素质对高职学生日后的行为和发展起着重要的引导、激励、支持、保证和保障作用。高职学生的高素质主要体现在政治素质高、思想素质高、道德素质高、文化素质好、心理素质好、身体素质好等方面。

②高技能是高职专业人才培养的重要目标。高技能是指高职学生通过系统的学习、训练和实践，在某个职业方向、职业领域里，具有坚实、过硬的就业本领和创业本领。过硬的职业本领，是毕业后职业实践的根本依托，在职业规划中起着举足轻重的作用。这主要表现在：凭着职业本领，找到合适的工作，取得合理的报酬，继而进一步发挥自己的才干，逐步

实现自我价值。一般而言，具有过硬的发挥和发展本领的人，大多是学习兴趣广泛、知识基础扎实、注重积极进取的人。高技能还为创造创新提供了本领，即在稳定职业的基础上，有所创造、有所创新，为单位、为社会创造显著的经济效益和社会效益。甚至在精心从业的基础上，成功创业，打造更加辉煌的人生。

③实干是高职专业人才培养最基本的目标。所谓实干型人才，就是能勤勤恳恳地干事、踏踏实实地做事、任劳任怨地工作的人才。因此，一要培养和发扬勤勤恳恳的精神和品德，热爱事业、积极工作、勤奋进取。二要培养和发扬脚踏实地的精神和品德，坚持鼓干劲、办实事，求实效。三要培养和发扬任劳任怨的精神和品德，舍得吃苦，不怕吃亏，经得起困难的考验。

（2）高等职业技术教育的特点。坚持以服务为宗旨，以就业为导向，以能力为本位，面向区域经济，立足于高等教育层次，突出职业素质与岗位能力培养，以培养高端技能型人才为根本任务。

①服务方向的基层性。面向基层，面向现场，培养适应生产、建设、管理、服务第一线岗位工作，专业水平与企业生产技术相适应，能操作新设备，掌握新工艺。

②职业素质的综合性。以培养职业综合能力为本位，形成合理的知识、能力、素质，学生具有基础理论适度，技术能力强，知识面较宽，综合素质高等特点。学生毕业以后，能够"下得去，留得住，上手快，干得好"。

③教学内容的应用性。按社会需求设置专业，以技术应用为主旨构建课程体系和教学内容，教学内容以实用为原则，理论知识以"必需""够用"为度，不过分强调知识的系统性，主要突出其应用性。

④教学过程的实践性。注重实践教学，注重学生动手能力的培养，实践教学在专业教学计划中占较大的比例，同时参照相关的职业资格标准，改革专业课程体系和内容，通过与行业企业合作开发课程等多种形式来开发课程，创新教学方法和手段，融"教、学、做"为一体，强化学生的职业能力与素养。注重实践教学，突出"双证书"，即高职教育要求毕业生不仅要获得学历文凭证书，同时还要获得职业资格证书。

⑤专职教师的双师素质、专兼结合的教师团队。高职院校的师资队伍基本都是专职教师的双师素质和专兼结合的教师团队的有机统一。所谓专职教师的双师素质，是指教师既有从事本专业教学工作的理论水平和能力，又有技师、工程师的实践技能和创新能力。兼职教师是指学校正式聘任的、能独立承担某门专业课教学或实践教学任务的校外企业及社会中具有较强的业务能力和丰富实践经验的专家、高级技术人员或能工巧匠。兼职教师长期工作在生产第一线，实践能力强，行业领域知识新，对地方经济和社会发展状况较为熟悉，这样的优势让兼职教师不仅能在教学中紧密结合工作实践，将新技术及时充实到教学过程中，保证教

学内容的实用性和先进性。专兼结合的教师团队，可以极大地促进学生实践动手能力，让学生及时了解社会、适应社会，并不断提高实际工作能力，在毕业之后快速适应工作岗位。

总之，高等职业技术教育与普通高等教育在人才培养目标、培养要求、教学内容等方面有较大的不同，如表2-2所示。

表2-2 高等职业教育与普通高等教育比较

教育类型 / 特征	高等职业技术教育	普通高等教育
培养目标	技能型人才	学术型、工程型人才
培养要求	理论知识以够用为度，强调实践能力的训练	偏重理论传授，强调知识的系统性
专业设置	面向区域经济，按职业岗位设置	按学科设置
教学内容	以培养职业能力为宗旨设置理论教学和实践教学内容	重视基础理论，以专业学科所需理论为基础
师资要求和构成	"双师型"、专兼结合的师资队伍	重视学术水平和科研能力
办学形式	灵活、多样、紧贴市场	正规、稳定
与社会联系	与行业、企业联系紧密，主动适应社会发展需要	相对独立性较强

二、专业教育与通识教育

高职教育整体上分为"通识教育"和"专业教育"两个方面。通识教育是培养学生基本素质的教育，专业教育是培养专门人才的专业技能教育。通识教育与专业教育相结合，有利于培养出完整的知识结构、素养全面、岗位技能过硬、具有创新能力的高端技能型人才。

专业教育关注学生的专业技能，旨在通过系统的讲授某一领域（学科）专门知识，培养具有一定专业知识和专门技能的人才，强调岗位工作技能，注重专业岗位技能培训，为未来的职业做准备。专业教育具有"专门化""技能化""工具化"的特点，可使学生掌握一定的专业技能，顺利实现就业，显然，专业教育也就是做事的教育。

通识教育关注学生的全面发展，旨在通过非职业性的课程设置，培养积极参与社会生活、有责任感、全面发展的社会成员和国家公民，是一种广泛的、非专业性的、非功利性的基本知识、技能和态度教育。通识教育是指所有大学生均应接受专业以外的有关共同内容的教育，主要包括人类社会的历史与文化教育、人文与社会科学知识教育、道德教育、社会生存能力教育、心理素质的培养等。它的主要特征是超越直接的功利目的，着眼于人的潜能开发与身心的和谐发展，体现的是人文关怀和人文精神，强调人的均衡、全面、和谐发展，使学生具备可持续发展的后劲，增强其职业迁移能力。显然，通识教育也就是做人的教育，体现人文主义的理念，目的是培养有社会责任感的、全面发展的人。

根据上述理论，高职院校各专业的课程体系基本上分为公共基础课程和职业技术课程两大类，如图2-13所示。需要说明的是不同的院校有不同的分类称谓，但本质上是一样的。两类中又分别包含必修课和选修课，学生除了完成专业计划中规定的必修课程学分外，还需修满相应的选修学分方可毕业。通识教育主要是通过公共基础必修课、公共选修课程、第二课堂和校园文化熏陶加以实施；专业教育则由职业技术课传授。

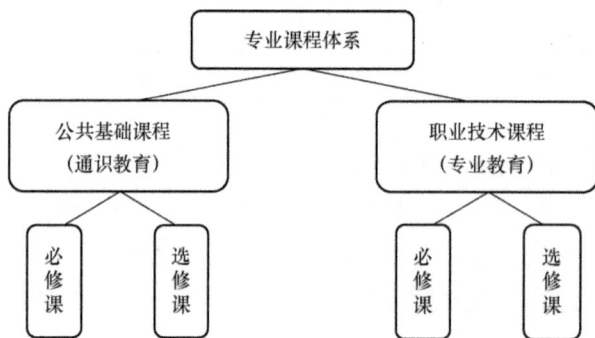

图2-13　专业的课程体系

一般而言，第一年强化通识教育，在人文素质与社会生活、校园文明素质养成、思想道德与法律基础、形势政策与人生、心理健康教育、自然科学等方面夯实基础，拓宽学生视野，搭建合理的知识结构，从二年级开始，侧重专业教育，传授专业知识和进行职业技能的培训。通识教育作为专业教育的基础教育，可以提供专业知识的广博基础，有助于培养学生的终身学习能力。专业知识的通识化，也可以使专业知识与其他领域知识得以接轨，不至于过度偏窄。但是需要指出的是，这一切的实现有赖于提供基本的人文素养，使学生具备思考与判断的初步能力，并对人类历史与文化有初步的认识，结合专业知识形成完整的世界观与人生观。

公共选修课的设置有助于培养学生的人文修养、生活情趣、道德水准、责任意识和价值取向。我院的公共选修课又称全院任选课，共分五个大类：身心健康类、公共艺术类、社科人文类、生活通识和通用技术类、就业与创业类。学生在校期间有四次选课机会（第一至第四学期），每年6月和12月中旬学校统一组织选课，每类只能选一门，每次选课每名学生最多可选2门课程。不同专业，须修读的公共选修课学分有所不同，一般为4~11分。公共选修课每门课课时在16~32，对应的学分在1~2之间。公共选修课的开设时间统一为周一至周五晚上，每次上课3学时，一般从学期初的第二周开始上课，学生可根据个人的特长和爱好，在第二~第五学期修读2~6门课程。

完整的大学教育离不开通识教育和专业教育，是做人与做事的统一。做事离不开科学，做人则离不开人文。第一，通识教育与专业教育相结合，有利于培养出素养全面、具有创新能力的高级专门人才。第二，通识教育与专业教育相结合，有利于发挥大学的主体性，推动社会的健康发展。

三、机电专业与相关专业之间的关系

机电一体化技术专业与其他相关专业之间的关系，总体来说相互交融，各具特色，毕业生具有跨行业就业的素质与能力。

1. 机电专业与数控技术专业之间的关系

数控技术专业是培养具有现代制造技术专业知识和技能，掌握数控设备工作原理、结构及数控编程的基本知识，具备较强的从事数控编程、数控加工、数控机床检修与维护、生产管理及一定的技术改造等实际工作能力的人才。数控技术专业毕业生应具备的专业能力应该根据不同的地区和学院而制订，但主要内容如下：

（1）具有识读和绘制机械工程图样能力；

（2）具有机械零部件分析与拆装能力；

（3）具有工艺设计和工装设计等方面的技术应用能力；

（4）具有零件检测与质量控制能力；

（5）具有传统机械加工制造能力；

（6）具有较强的数控机床编程、加工、维护检修及管理能力和一定的技术改造能力；

（7）具有先进制造设备与技术应用能力；

（8）具有计算机辅助设计与制造能力。

2. 机电专业与电子信息工程技术专业之间的关系

电子信息工程技术专业培养具有电子技术和信息系统的基础知识和基本技能，具备较强的从事电子产品生产与技术管理、电子产品开发与设计、微机化仪器仪表运行与维护、电子产品维修与技术支持等实际工作能力。电子信息工程技术专业的毕业生应具备的专业能力应该根据不同的地区和学院而制订，但主要内容如下：

（1）具有电子技术应用能力所必需的基础理论知识和专业知识；

（2）能熟练使用电子仪器与工具，按技术文件对电子产品进行装配和调试及检验；

（3）能运用电子仪器测量、分析电路故障；

（4）能对电子产品进行基本的质量控制与管理；

（5）能进行电子产品生产的基本工艺设计、生产现场管理、生产过程控制；

（6）能对智能化控制设备进行基本的运行控制与维护；

（7）能识读一般电路原理图，并能分析典型应用电路；

（8）能使用常规电路、单片机、FPGA 与 VHDL 以及 Protel 设计制作简单的电子电路；

（9）能对小型综合的电子产品进行工程设计。

四、专业人才培养目标与人才素质要求

学生在填报高考志愿的时候，常常对各个专业的认识是模糊的，由于种种原因，填报了机电一体化技术专业。但入学之后，应该对自己所学的专业有详细的了解。首先需要了解的是专业的人才培养目标和就业岗位（群）人才素质要求，变模糊为清晰。虽然对各个学校而言，具体的培养目标和人才素质要求不尽相同，但主要内容大致相同。

1. 专业人才培养目标

机电类行业是国民经济发展的基础行业，任何一个工业企事业单位，都拥有一批机电设备作为它的生产工具。但在不同的工业企业中，对使用这些设备的人员来讲，要求是不同的。根据这一特点，可将工业企业分为机电设备制造企业和利用各类机电设备作为生产工具的加工制造企业。前者突出机电设备的加工制造技术，要求学生具有机械加工制造的知识和应用机械加工制造技术的能力；或者侧重于各类机电设备的使用和维护，要求学生具有机电设备的使用维护知识和使用维护机电设备的能力。

（1）机电一体化技术专业人才培养目标。本专业培养拥护党的基本路线、具有本专业的必备基础理论知识和专门知识、具备较强的从事机电一体化设备的安装、调试、操作、维护、检修、技术改造、生产管理、机电产品开发、销售等适应生产建设（管理、服务）第一线需要的德、智、体等方面全面发展的高端技能型人才。毕业生就业初期可胜任机电设备日常运行与维护、机电设备安装与调试、技术服务、产品检验等岗位，3~5年可胜任生产管理、机电产品技术设计等岗位，5~10年后可胜任机电设备生产企业的技术、生产、设备主管等中高层次岗位。

（2）新型纺织机电技术专业人才培养目标。本专业培养拥护党的基本路线、具有本专业的必备基础理论知识和专门知识、具备较强的从事新型纺织设备的维护、检修、安装调试、管理能力和一定的技术改造能力等实际工作能力，适应生产建设（管理、服务）第一线需要的德、智、体等全面发展的高端技能型人才。本专业毕业生初次就业能胜任纺织设备操作、纺织设备或其他机电设备的保养、维护、维修等岗位，3~5年可胜任纺织设备或其他机电设备技术设计研发、技术服务、设备管理、车间管理等岗位，5~10年后可胜任纺织企业或机电设备生产企业的技术、生产、设备主管等高层次岗位。

（3）电气自动化技术专业人才培养目标。本专业培养拥护党的基本路线、具有本专业必备的基础理论知识和专门知识、具备较强的从事电气控制设备安装、调试、维护、检修、开发、销售等实际工作能力，适应生产建设（管理、服务）第一线需要的德、智、体等全面发展的高端技能型人才。毕业生就业初期可胜任自动化设备操作、设备电气安装与调试、设备电气维护与检修、供配电系统运行与维护等岗位，3~5年后可胜任自动化生产线调试与维修、电气技术设计、机电产品技术服务等岗位，5~10年后可胜任设备管理、电气自动化控制系统设计、产品开发、生产技术主管等中高级岗位。

2. 人才素质要求

（1）机电类专业共性能力要求。

①方法能力。

a. 具有通过计算机网络、技术文献等不同途径获取信息的能力；

b. 具有分析和处理技术资料的能力；

c. 具有运用所学知识和技能独立分析和解决问题的能力；

d. 具有一定的自我学习获取新知识和新技术的能力；

e. 具有良好的专业素养，能很快适应岗位要求、适应未来不断变化的职业需求。

②社会能力。

a. 具有良好的道德操守，遵纪守法，社会责任感强；

b. 具有良好的职业道德，爱岗敬业、艰苦创业、踏实肯干、革新创新；

c. 具有良好的审美情趣、文化品位、人文素养和科学素质；

d. 具有健全的心理素质和健康的体魄，有较强的社会适应性；

e. 具有一定的语言文字表达、外语应用等基本能力；

f. 具有团队合作、沟通协调、人际交往能力。

（2）机电类各专业专项能力要求。

①机电一体化技术专业专项能力要求。

a. 机械零部件的测绘、分析能力；

b. 一般机械零件加工制作能力；

c. 机电设备液压与气动系统的分析与维护能力；

d. 机电设备PLC控制系统分析、安装与调试能力；

e. 机电设备变频器调速系统分析、安装与调试能力；

f. 具有对机电设备及其控制系统进行日常运行和维护的能力；

g. 机电一体化设备的故障排除能力；

h. 具有对机电设备进行技术改造的基本能力；

i. 具有对车间一线进行生产管理和质量管理的基本能力。

②新型纺织机电技术专业专项能力要求。

a. 具有机械图样的识读与绘制能力；

b. 具有机械零部件的拆装与维护能力；

c. 具有设备电气控制线路的安装、调试和检修能力；

d. 具有简单机械零件加工制作能力；

e. 具有纺织设备机电一体化控制系统的分析与维护能力；

f. 具有纺织设备的安装调试能力；

g. 具有纺织设备的分析与维护能力；

h. 具有纺织机电设备管理能力；

i. 具有纺织设备的技术服务和技术改造能力。

③电气自动化技术专业专项能力要求。

a. 具有电工工具、仪表使用能力；

b. 具有电子、电气系统制图能力；

c. 具有电气控制线路安装、调试能力；

d. 具有常用电气控制线路分析、设计能力；

e. 具有电气设备维护保养与检修能力；

f. 具有供配电系统运行与维护能力；

g. 具有 PLC、变频器应用能力；

h. 具有自动化生产线安装、调试与维护能力；

i. 具有工控技术应用能力。

3. 就业岗位群

就业岗位群有着非常明显的地区特性。例如钢铁工业占比较重的城市，其主要就业岗位应为钢铁企业中的岗位，电子工业占比较重的城市，其主要就业岗位应为生产流水线中的岗位。这些岗位的确定，是通过专业调研及召开实践专家访谈会进行分析提炼出的。

机电类各专业就业岗位（群）及代表性的工作任务，如表2-3~表2-5所示。

表2-3　机电一体化技术专业岗位（群）及代表性工作任务

主要职业岗位（群）	代表性的工作任务
机电设备的运行	机电设备的操作；工程图读识；数控机床的程序编制及操作
机电设备的保养与维护	机电设备日常维护；设备重要检测点状态检测
机电设备的安装与调试	查阅设备使用说明书及图册；制订安装工艺；机电设备的机械安装；机电设备的电气安装与调试；自动化生产线的安装与调试

续表

主要职业岗位（群）	代表性的工作任务
机电设备的技术服务	机电设备的故障诊断与维修；技术培训与技术指导
机电产品的生产管理	生产线的现场管理；产品生产过程的管理；设备运行情况记录及状态控制；机械零部件及产品质量检验
机电产品开发与设计	设计技术文件编制；机械零件加工工艺文件编制；检验技术文件编制；机电设备的分析与改造

表2-4 新型纺织机电技术专业岗位（群）及代表性工作任务

主要职业岗位（群）	代表性的工作任务
纺织设备保全	机械图样的识读；机械零件测绘；传动机构调整；设备机械润滑；机械故障检测与排除；机械零部件修复
纺织设备电气维护	电动机保养与检修；设备电气线路故障检修；PLC 系统安装、调试与维护；变频器安装、调试与维护；传感器调整与维护；微机控制设备的维护
纺织设备装配调试与技术服务	纺织设备机电一体化系统装配与调试；纺织设备整机安装与调试；纺织设备故障诊断与排除；纺织设备维护技术咨询与指导；纺织设备维修技术培训；纺织设备技术改造
纺织设备管理	设备采购；设备运行状态评估；设备管理文件编制；设备管理

表2-5 电气自动化技术专业岗位（群）及代表性工作任务

主要职业岗位（群）	代表性的工作任务
自动化设备操作	按工艺要求操作设备；设备日常维护保养
设备电气安装、调试与维护	按照电气图纸、工艺文件进行电气控制线路安装与调试；变频器安装、调试与维护；自动化生产线安装与调试；设备电气维护与检修
机电产品技术服务	产品技术支持；产品售前、售后技术服务
设备运行管理	自动化生产线运行与维护；工控系统测试与运行管理
电气控制系统设计	设备电气改造；电气控制系统设计；技术文件编制

思考题

1. 我国现阶段高等职业技术教育的培养目标是什么？

2. 我院机电一体化技术大类的发展过程是怎样的？有哪些专业？

3. 机电类专业与数控技术专业之间的关系是什么？

4. 专业教育与通识教育各指什么？相互之间的关系如何？

5. 根据我院人才培养目标，你所学习的专业的人才培养目标是什么？

专题三　机电专业学习安排

学习目标

1. 机电专业的人才培养模式；
2. 机电专业的课程体系；
3. 机电专业的技能证书考核要求；
4. 专业学习资源；
5. 怎样进行专业学习。

一、人才培养模式

高等职业教育是培养拥护党的基本路线，适应生产、建设、管理、服务第一线需要的，德、智、体、美等方面全面发展的高等技术应用型专门人才；因此在人才培养规格上要求学生应在具有必备的基础理论知识和专门知识的基础上，重点掌握从事本专业领域实际工作的基本能力和基本技能，具有良好的职业道德和敬业精神。当前，应特别关注学生的职业道德教育、高技能培养、终身学习能力培养和团队精神培养。

高等职业教育人才培养模式为以能力为中心，强调职业性和适应性。这种人才培养模式具有六条基本特征：

（1）以培养适应生产、建设、管理、服务第一线需要的高等技术应用型人才为根本任务；

（2）以社会需求为目标、技术应用能力的培养为主线设计教学体系和培养方案；

（3）以"应用"为主旨和特征构建课程和教学内容体系，基础理论教学以应用为目的，以"必需、够用"为度；

（4）专业课加强针对性和实用性；实践教学的主要目的是培养学生的技术应用能力，在教学计划中有较大比例；

（5）"双师型"师资队伍的建设是高职高专教育成功的关键；

（6）产学结合、校企合作是培养技术应用型人才的基本途径。

而普通高等教育以课堂教学为主，也有实验、实习等联系实际的环节，但联系实际的目的是为了更好地学习、掌握理论知识，着眼于理论知识的传授。

在此基础上，各个高职院校均有适合自身特点的具体化的人才培养模式。

二、专业课程体系

每个专业的建设团队，每年都需要通过专业调研、召开专家访谈会等形式，对每一届专业人才培养方案进行修改和调整，确立适合形势发展的人才培养目标，在此基础上，建立专业课程体系，组织教学。人才培养目标的确定过程可参见图3-1：

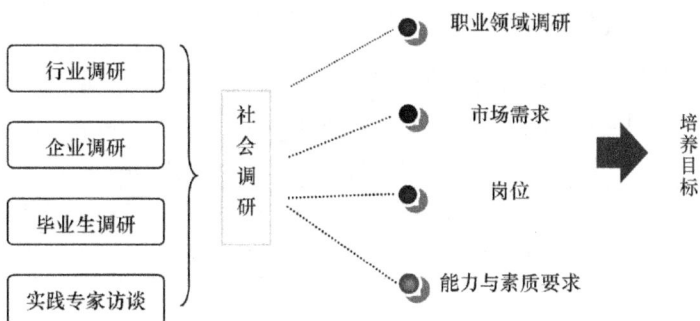

图3-1 人才培养目标的确定过程

1.课程体系的构建

高职专业技术人才培养目标是把学生培养成为生产一线的高素质高技能应用型人才。在专业人才培养目标确定的基础上，以专业教育与通识教育理论为依据，构建专业课程体系。

一般来说，专业课程体系由基础课程和专业课程组成。基础课程由必修课程和选修课程组成。

在构建基础课程时，一般考虑以下几个方面，如表3-1所示。

表3-1 基础课程体系

序号	能力类型	能力结构	教学内容
1	思想政治品德素质	用政治理论分析、处理一般问题的能力；良好的思想品德素质、职业道德；运用法律知识的基本能力；良好的心理素质	马克思主义基本原理；毛泽东思想与特色理论概论；思想道德修养与法律基础；形势政策与人生观等
2	人文素质	语言文字表达能力；通知、报告、计划、总结和技术文件的撰写能力	交流与表达等

序号	能力类型	能力结构	教学内容
3	计算机应用能力	文字处理能力；电子表格制作能力；演示文稿制作能力；网络、多媒体应用能力；常用软件的使用能力	计算机应用
4	英语应用能力	能听懂日常和业务活动中简单的英语；能用英语进行简单的交际；能借助字典，阅读和翻译中等难度的专业英文资料	应用英语
5	通用技能	健康生活的能力	食品营养与美容；茶道与养生等
6	身心健康	具有健康的心理素质；力度、速度、耐力、灵敏性素质；常见球类运动技能；田径、武术的基本运动技能；具有讲究卫生的习惯	心理健康教育；心理学；国防教育；体育与生理健康；健美操；武术
7	就业与创业类	具有正确进行自我评价的能力；具有职业规划的基本能力；具有个人求职信息发布和应聘的能力；具有签订劳动合同的能力	大学生职业发展与就业指导；企业家故事评析；推销与谈判技巧；大学生创业指导；法律基础
8	审美与人文类	与人交往与团队协作能力	人文素质与社会生活等
		艺术欣赏能力	中外服饰艺术赏析；传统民间工艺欣赏

专业课程体系具有很强的专业性，需要服务于培养目标，同时需按职业成长与认知学习规律，建立系统化课程。

专业课程体系建立的过程分为以下几个过程：

（1）在分析专业主要职业岗位（群）的基础上，提炼出具有代表性的典型工作任务。

（2）通过对典型工作任务的调研分析，分解出专业学习领域。

（3）围绕专业学习领域，开发核心课程。

（4）在总体课时、学分和职业技能要求的前提下，构建完整的专业课程体系。

专业课程体系开发思路及流程如图3-2所示。

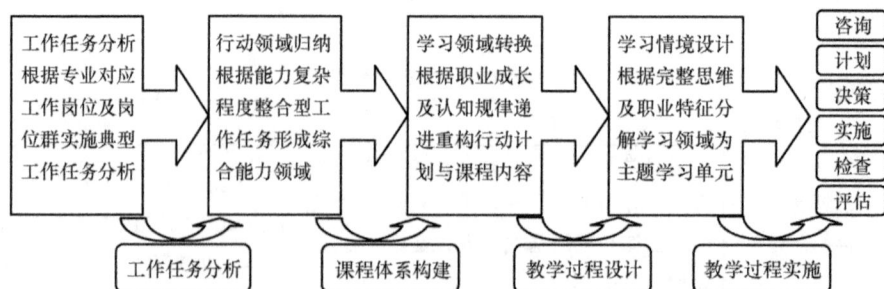

图3-2 专业课程体系开发流程

在构建专业课程体系时，必须结合以下几个方面：

（1）职业技能要求。为了把学生培养成高素质的技能型人才，要求学生能取得一定数量的与专业密切相关的技能证书，并使技能证书的考核与相关的课程相衔接。

（2）注意每门课程的前导课程与后继课程之间的逻辑关系，保证课程学习内容不脱节、没有过多的重复。

机电一体化技术主要岗位分析如表3-2所示。

表3-2　机电一体化技术主要岗位分析

岗位	典型任务	技能要求
机电设备的运行	1. 数控铣床的程序编制及操作 2. 生产现场的其他机电设备的操作	1. 能读懂中等复杂程度的零件图，理解材料、尺寸公差、位置公差、表面粗糙度及其他技术要求 2. 能正确选择加工零件的工艺基准，确定工序步骤、工作内容、切削参数，能合理选择刀具，能绘制工艺卡片 3. 正确运用数控系统的指令代码，编制零件加工程序 4. 掌握CAD、CAM软件的使用方法 5. 通过短期学习，能掌握相关设备的操作规程，并能熟练操作
机电设备的保养与维护	设备状态检查	1. 熟悉企业设备管理体系和岗位职责 2. 熟悉设备的机械结构和电气控制原理 3. 熟悉速度、温度、震动、压力、噪声等参数的检测原理和方法 4. 熟悉设备的日常保养 5. 能排除机械和电气故障
机电设备的安装与调试	1. 机电设备的机械安装与调试 2. 机电设备的电气安装与调试	1. 能熟悉机电一体化设备的功能、动力与驱动机构、执行机构等机械结构 2. 能熟悉机电一体化设备的传感测试、控制及信息处理等电气控制原理 3. 能对设备的机械部分进行组装 4. 能检查和排除机械部分安装中存在的问题，保证设备可靠运行 5. 能按照电气控制原理图进行控制电路的安装 6. 能检查和排除电气部分安装中存在的问题，保证对设备进行可靠的控制
机电设备的技术服务	机电设备的故障诊断与排除	1. 能熟悉机电一体化设备的功能、机械结构、电气原理 2. 能熟练对设备的机械部分进行拆卸和安装 3. 能熟悉设备的电气控制元件的工作原理 4. 能检查和排除机械部分的故障，修正或更换相应零部件 5. 能按照电气控制原理图，检查和排除电气故障 6. 具有和客户沟通的能力
机械设计员	根据产品设计方案，使用计算机绘制装配图或零件图纸	1. 掌握CAD等绘图软件的使用方法 2. 理解零部件的功能和作用，结合工艺性和经济性，合理确定理解材料、尺寸公差、位置公差、表面粗糙度及其他技术要求
电气控制技术员	1. 进行机电设备和生产线的电气控制原理图设计 2. 进行机电设备自动化改造和维修	1. 能读懂机电设备的电气控制原理图，并能进行故障排除 2. 能读懂生产线的电气控制原理图，并能进行故障排除 3. 能对机电设备和生产线提出自动化改造方案

岗位	典型任务	技能要求
生产管理	对生产线的现场进行管理	1.熟悉机械零件的加工工艺过程或电气控制系统的安装过程 2.熟悉机械零件或电气控制系统的检验方法 3.熟悉管辖范围内的设备的日常保养 4.具有沟通协调能力

新型纺织机电技术主要岗位分析如表3-3所示。

表3-3 新型纺织机电技术主要岗位分析表

岗位	典型任务	技能要求
纺织设备保全	机械零件测绘	1.熟悉设备的机械结构和电气控制原理 2.熟悉速度、温度、震动、压力、噪声等参数的检测原理和方法 3.熟悉设备的日常保养 4.能排除机械和电气故障 5.能读懂中等复杂程度的零件图,理解材料、尺寸公差、位置公差、表面粗糙度及其他技术要求 6.能正确选择加工零件的工艺基准,确定工序步骤、工步内容、切削参数,能合理选择刀具,能绘制工艺卡片 7.掌握CAD、CAM软件的使用方法
纺织设备的电气维护	1. PLC 系统安装、调试与维护 2. 变频器系统安装、调试与维护	1.能读懂纺织设备的电气控制原理图 2.熟悉电气元件的结构、工作原理,能调整参数、编制程序 3.能进行故障排除 4.能对机电设备提出自动化改造方案
设备的安装与调试	纺织设备整机安装与调试	1.能熟悉纺织设备的功能、动力与驱动机构、执行机构等机械结构 2.能熟悉机电设备的传感测试、控制及信息处理等电气控制原理 3.能对机电设备的机械部分进行组装 4.能检查和排除机械部分安装中存在的问题,保证设备可靠运行 5.能按照电气控制原理图进行控制电路的安装 6.能检查和排除电气部分安装中存在的问题,保证对设备进行可靠的控制
设备的技术服务	纺织设备故障诊断与排除	1.能熟悉纺织设备的功能、机械结构、电气原理 2.能熟练对纺织设备的机械部分进行拆卸和安装 3.能熟悉纺织设备电气控制元件的工作原理 4.能检查和排除机械部分的故障,修正或更换相应零部件 5.能按照电气控制原理图,检查和排除电气故障 6.具有和客户沟通的能力
纺织设备管理	对现场的纺织设备进行运行状态评估	1.熟悉设备的机械结构和电气控制原理 2.熟悉速度、温度、震动、压力、噪声等参数的检测原理和方法 3.熟悉设备的日常保养 4.熟悉纺织设备的点检表

电气自动化技术主要岗位见表3-4。

表3-4　电气自动化技术主要岗位分析

岗位	典型任务	技能要求
自动化设备操作	安装工艺要求操作设备	1.能熟悉自动化设备的功能 2.能了解自动化设备的机构、工作原理 3.能熟悉自动化设备的电气控制原理、运行参数调节原理 4.能掌握相关设备的操作规程，并能熟练操作
设备电气维护	设备电气维护与检修	1.能了解设备的机械结构 2.能熟悉电气控制原理；熟悉行程、速度、温度、震动、压力、噪声等参数的检测原理和方法 3.熟练掌握PLC、变频器、单片机等现代电气控制元件的应用 4.能熟悉设备电气的日常保养方法 5.能排除电气故障
设备电气安装与调试	机电设备的电气安装与调试	1.能了解机电设备的功能、动力与驱动机构、执行机构等机械结构 2.能熟悉机电一体化设备的传感测试、控制及信息处理等电气控制原理 3.能按照电气控制原理图，进行控制电路的安装 4.能检查和排除电气部分安装中存在的问题，保证对设备进行可靠的控制
机电设备的技术服务	设备售后技术服务	1.能熟悉机电设备的功能、机械结构、电气原理 2.能熟悉设备的电气控制元件的工作原理 3.能按照电气控制原理图检查和排除电气故障 4.具有和客户沟通的能力
电气控制技术员	电气控制系统设计	1.能对控制对象进行分析，确定合理、经济的控制方案 2.能设计电气控制原理图 3.能正确选择电气元件类型及型号 4.能合理进行元器件布局，绘制电气安装图和接线图
设备运行管理	自动化生产线的运行与维护	1.熟悉自动化生产线的电气控制原理 2.熟练掌握自动化生产线的电气控制核心技术 3.熟悉自动化生产线电气控制的日常保养方法

2.核心课程介绍

机电一体化技术专业核心课程常见的有机械设计、机械制造工艺、电气控制与PLC技术、单片机技术、机电一体化设备调试、纺织机电设备管理、机电设备故障诊断与维修、数控加工与编程等。但各院校所处的地理位置、地区产业结构各不相同，其专业定位也不同，其课程体系和核心课程及其课程标准不同，课程名称也各不相同，且核心课程及其课程标准每年都在调整。

（1）机械设计基础。本课程的教学目标是使学生掌握物体机械运动的基本规律及研究方法，初步学会运用这些规律和方法解决工程实际中的运动和力学问题，掌握常用机构的绘制和设计方法。使学生理解构件的强度、刚度和稳定性方面的基本概念，掌握基本的强度计算和刚度计算；掌握常用机构和通用零件的基本知识、基本理论和基本技能，初步具有设计和维护机械零部件的能力。

（2）机械制造工艺。本课程包括机械制造方面的主要专业知识，主要有金属切削原理与刀具、金属切削机床、机床专用夹具、机械制造工艺学、装配工艺学、现代制造技术等。通过本课程的学习，学生能进行切削用量的选用和计算。能分析切削热和切削力对刀具的影响，并进行刀具几何角度的选择。能运用金属材料成形的知识正确选用毛坯。学生能运用工艺理论和实际知识，模拟企业生产环境编制常规零件的机械加工工艺规程，且要求编制的工艺文件在格式上符合生产实际，在技术上具有可行性和先进性，经济上基本合理。对具体的工序进行设计，包括刀具参数的选择、机床型号的选用、加工余量的确定、工序尺寸及公差的确定、工序图绘制。学生能综合运用所学知识，具备分析一般复杂程度夹具的基本能力。

（3）电气控制与PLC技术。通过本课程的教学，使学生掌握常用低压电器的结构、原理及应用；熟悉继电线路控制基本环节；了解设备电气控制系统的组成，掌握设备电气控制原理图的分析方法；理解可编程控制器（PLC）的功能、结构、工作原理，掌握可编程控制器的指令系统、编程规则、常用设计方法；能对常见典型电气故障进行诊断并排除。结合实验环节，培养学生的实践动手能力，安全用电的能力，并为后续课程的学习打下扎实的基础。

（4）单片机技术。本课程是电气自动化技术、机电一体化技术、新型纺织机电技术、电子信息工程技术等专业的专业课程。该课程的目的是使学生从理论到实践上学会单片机的基本控制技术，为以后认识计算机控制应用打下良好的基础。

本课程侧重从实际应用角度出发，以接口技术为纽带，将单片机原理及组成，外围接口芯片，检测控制等各知识环节加以有机结合。同时，密切联系生产实际，特别是单片机在各种机电设备中的应用，使学生在课程学习过程中能够不断增强专业技能。

通过本课程的学习，学生不仅能具备应用单片机控制技术进行产品开发、系统设计的综合能力，而且还为学习后续课程奠定了良好的基础。

（5）变频调试技术。本课程实践性强。通过本课程的教学，使学生掌握调速系统的硬件组成、控制方式原理、调速特点；结合实验和实训环节，使学生初步具备变频调速系统的选择、调试、参数设定、接线、故障诊断能力。

（6）电工电子技术。通过本课程的教学，使学生掌握电工电子技术必需的基础知识及在机电领域的基础应用，具有识读和分析一般典型应用电路图的能力和简单电路设计能力，同时，通过对典型应用电路的制作与测试，培养学生样机制作、仪器使用、器件选用、电路测试的能力，并能对电路常见故障进行判断并加以解决。

（7）机电一体化设备调试与检修。本课程是通过对机电一体化技术人员所从事机电设备的安装调试与检修、机电设备生产管理、机电设备产品研发等典型工作任务所需要的知识和能力进行分析，并参照维修电工职业标准要求而设置的。以自动化生产线为载体，主要培养学生机电控制设备操作能力、气动元器件识别和应用能力、机电设备安装调试能力、故障检修与设备维护能力、PLC 应用能力、工业网络应用能力，并在具体的教学过程中，注重培养学生的质量意识、责任意识、创新意识、敬业精神以及团队协作能力和自学能力。

（8）纺织机电设备管理。本课程是新型纺织机电技术专业的专业课程，是培养学生从事纺织机电设备的全寿命期的技术管理工作能力。该课程的任务是介绍企业的设备全寿命周期各个阶段的技术特点、工作内容，让学生熟悉纺织机电设备的日常使用方法与保养方法，能制订纺织机电设备的点检表、润滑图表等技术文件，能对纺织机电设备的状态进行监控，能确定纺织机电设备的修理计划。该课程是与学生实际工作密切相关的一门课程。

（9）数控加工与编程。本课程是机电一体化技术类专业的一门专业课程，也是一门实践性很强、面向生产现场的实用性专业课程。该课程的任务是介绍数控机床的基本原理和数控加工编程的基本知识。让学生熟悉数控车床、数控铣床的操作。学习结束后进行数控车工、数控铣工的中级或高级证书的考核。因此，学生必须熟悉数控机床的主传动系统、进给系统、自动换刀装置，熟练掌握数控机床的坐标系、数控编程指令，会进行加工过程的工艺分析，选择合适的切削刀具、切削用量和走刀路线。

3. 职业资格证书要求

"双证书"制、课证融通，是高等职业教育的必然要求。所谓"双证书"就是要求毕业生在获得学历证书的同时，获得职业资格证书。"双证书"制是高素质技能型人才知识、能力、素质的体现和证明，有利于切实增强学生的实践能力，有利于提高毕业生就业率和就业质量。

"双证书"是工学结合的一种教育保障制度。《中共中央国务院关于深化教育改革全面推进素质教育的决定》指出，"在全社会实行学业证书和职业资格证书并重的制度"；《劳动法》和《职业教育法》规定，"对从事技术复杂、通用性广、涉及国家财产、人民生命安全和消费者利益的职业（工种）的劳动者，必须经过培训，并取得职业资格证书后，方可就业上岗"。高等职业院校的毕业生取得学历和技术等级或职业资格两种证书的制度是高等职业教育自身的特性和社会的需要。

机电一体化技术专业必须取得人才培养计划规定的职业资格证书，学生应该了解专业职业资格证书的重要作用和意义。在校期间获得的专业职业资格证书涵盖三个方面：英语、计算机、专业技能。具体而言，英语能力证书、计算机等级证书是每位学生必须取得的，专业技能证书不是固定不变的，具体情况在每一届的专业培养计划中会有明确的规定。

高职机电一体化技术类专业职业资格证书要求如表3-5所示。

表3-5　高职机电一体化技术类专业职业资格证书要求

序号	证书类别	等级要求	对接课程名称	考核学期
1	英语等级考试	3.5级	应用英语	2
2	计算机应用能力	一级	计算机应用	2(3)
3	AutoCAD	中级	工程制图与CAD	2
4	机修钳工	中级	钳工实训	3
5	维修电工	中级	电气控制系统安装与调试	3
6	数控车床操作工	中级	数控加工与编程	4
7	机电一体化能力	中级	电气控制系统安装与调试	4
8	PLC应用能力	中级	PLC控制技术与应用	4

注　（1）上表中的证书要求是示例，各个院校的要求不同，不一定限于上表中的内容。

（2）一般来说，本专业学生必须获得4个或4个以上证书方可毕业。专业的人才培养计划里有明确的规定。一般会有选择项，学生在保证获得总体数量的证书的前提下，可以根据自己的爱好进行选择。

（1）英语应用能力等级（A/B级）。高等学校英语应用能力等级考试（A/B级）主要依据是《高职高专教育英语课程教学基本要求（试行）》（以下简称《基本要求》）。考试分为A级和B级两个级别，并同时进行测试。A级是标准级别，覆盖《基本要求》的全部内容；B级略低于A级，是过渡级别。参加哪一个级别的考试由各院校和考生自己决定。

本考试主要面对对象是高等职业学校、普通高等专科学校、成人高等学校和本科办二级技术学院的学生。

考试的目的是考核考生的语言知识、语言技能和使用英语处理有关一般业务和涉外交际的基本能力。

本考试于每届学生的第三、第四学期进行。考试时间为120分钟。本考试按百分制计分，满分为100分。60分以上为及格；85分以上为优秀。考试成绩合格者发给"高等学校英语应用能力考试"相应等级的合格证书。

考试由五个部分组成：听力理解（Listening Comprehension）、词汇与结构（Vocabulary & Structure）、阅读理解（Reading Comprehension）、翻译（Translation）（英译汉）和写作（Writing）。

A级测试项目、内容、题型及时间分配如表3-6所示。

表3-6　A级测试项目、内容、题型及时间分配

序号	测试项目	题号	测试内容	题型	比例	时间/min
I	听力理解	1~15	对话、会话、短文	选择、填空、简答	15%	15
II	语法结构	16~35	句法结构、语法、词形变化	选择、填空、改错	15%	15

续表

序号	测试项目	题号	测试内容	题型	比例	时间/min
Ⅲ	阅读理解	36~60	语篇，包括一般性及应用型文字	选择、填空、简答、匹配	35%	40
Ⅳ	英译汉	61~65	句子和段落	选择、段落翻译	20%	25
Ⅴ	写作/汉译英	66	应用型文字翻译	套写、书写、填写或翻译	15%	25
合计		66			100%	120

B级测试项目、内容、题型及时间分配如表3-7所示。

表3-7　B级测试项目、内容、题型及时间分配

序号	测试项目	题号	测试内容	题型	比例	时间/min
Ⅰ	听力理解	1~15	问话、对话、听写	多项选择、填空	15%	15
Ⅱ	语法结构	16~35	词汇用法、句法结构、词形变化	多项选择、填空	15%	15
Ⅲ	阅读理解	36~60	语篇，包括简单的一般性和应用型文字	多项选择、填空、简答、匹配	35%	40
Ⅳ	英译汉	61~65	句子和段落	多项选择、段落翻译	20%	25
Ⅴ	写作/汉译英	66	应用型文字（便条、通知、简短信函、简历表、申请书等）	套写、书写、或翻译	15%	25
合计		66			100%	120

（2）计算机一级。计算机一级证书表明持有人具有计算机的基础知识和初步应用能力，掌握文字、电子表格和演示文稿等办公自动化软件（MS Office、WPS Office）的使用及互联网应用的基本技能，具备从事机关、企事业单位文秘和办公信息计算机化工作的能力。

计算机一级考试分为三大科目，即一级MS Office、一级WPS Office、一级Photoshop。

考试形式完全采取上机考试形式，各科上机考试时间均为90分钟。

考核内容为：

①一级WPS Office。

软件环境：Windows 7操作系统，WPS Office 2012办公软件。

在指定时间内，完成下列各项操作：

a.选择题（计算机基础知识和网络的基本知识）。（20分）

b.Windows操作系统的使用。（10分）

c.WPS文字的操作。（25分）

d. WPS 表格的操作。（20分）

e. WPS 演示软件的操作。（15分）

f. 浏览器（IE）的简单使用和收发电子邮件。（10分）

②一级 MS Office。

软件环境：Windows 7 操作系统，Microsoft Office 2010 办公软件。

在指定时间内，完成下列各项操作：

a. 选择题（计算机基础知识和网络的基本知识）。（20分）

b. Windows 操作系统的使用。（10分）

c. Word 操作。（25分）

d. Excel操作。（20分）

e. PowerPoint 操作。（15分）

f. 浏览器（IE）的简单使用和收发电子邮件。（10分）

③一级 Photoshop。考试题型为单项选择题55分（含计算机基础知识部分20分，Photoshop知识与操作部分35分）。Photoshop 操作题45分（含3道题目，每题15分）。

考试环境为Windows 7、Adobe Photoshop CS5（典型方式安装）。

（3）机械/建筑类 AutoCAD 中级证书。

①知识要求：

a. 掌握微机绘图系统的基本组成及操作系统的一般使用知识；

b. 掌握基本图形的生成及编辑的基本方法和知识；

c. 掌握复杂图形（如块的定义与插入、图案填充等）、尺寸、复杂文本等的生成及编辑的方法和知识；

d. 掌握图形的输出及相关设备的使用方法和知识。

②技能要求：

a. 具有基本的操作系统使用能力；

b. 具有基本图形的生成及编辑能力；

c. 具有复杂图形（如块的定义与插入、图案填充等）、尺寸、复杂文本等的生成及编辑能力；

d. 具有图形的输出及相关设备的使用能力。

③实际能力要求：能使用计算机辅助设计绘图与设计软件（AutoCAD）及相关设备以交互方式独立、熟练地绘制产品的二维工程图。

④鉴定内容：

a. 文件操作，包括调用已存在图形文件、将当前图形存盘、用绘图机或打印机输出

图形;

b. 绘制、编辑二维图形,包括以下内容:绘制点、线、圆、圆弧、多段线等基本图素;绘制字符、符号等图素;绘制复杂图形如块的定义与插入、图案填充、复杂文本输入;

编辑点、线、圆、圆弧、多段线等基本图素,如删除、恢复、复制、变比等;编辑字符、符号等图素;编辑复杂图形,如插入的块、填充的图案、输入的复杂文本等;

c. 设置图素的颜色、线型、图层等基本属性;

d. 设置绘图界限、单位制、栅格、捕捉、正交等;

e. 标注长度型、角度型、直径型、半径型、旁注型、连续型、基线型尺寸,修改以上各种类型的尺寸,标注尺寸公差。

(4)维修电工中级证书。维修电工分初级、中级、高级、技师,高级技师五个等级。大专毕业生取得中级比较适宜。

维修电工中级等级证书是电气从业人员必备的证书之一。

①职业能力。掌握电气控制设备的安装、调试以及故障诊断与排除等专业知识与技能。

②职业方向。熟练掌握本项目技能后可从事电气设备的安装、调试与维修、管理等相关岗考核内容。

③考试方式。市劳动社保技能鉴定中心由计算机从题库中抽取理论和实作考试题目,对考生进行应知应会考试。

④发证机构。应知应会两项均合格者,中级由地市劳动社保技能鉴定中心颁发中级证书。

⑤考试内容。主要涉及常用低压电器的使用、三相异步电机的各种控制电路的原理读识、常用电工仪表的使用、PLC的接线、电路安装、PLC程序设计和调试等内容,如表3-8所示。

表3-8 中级电工考试内容

能力	工作内容	技能要求	相关知识
电机控制	交流电动机控制	1.电动机顺控、Y/△启动、能耗制动及双速控制线路安装接线 2.电动机顺控、Y/△启动、能耗制动及双速控制线路故障排除	1.中、小型交流电动机绕组的分类、绘制绕组展开图、接线图并判别2、4、6、8极单路、双路绕组接线图 2.常用电器型号组成及表示方法 3.断路器、接触器、隔离开关规格型号与选择整定 4.中间继电器、热继电器及时间继电器型号规格与选择整定 5.常用按钮、行程开关、转换开关等型号、文字图形表示及选择 6.熔断器型号规格及熔丝选择计算
	直流电动机控制	1.直流电动机的正、反转,调速及能耗制动的控制 2.直流电动机的正、反转、调速及能耗制动控制线路的故障排除	1.直流电动机的结构及工作原理 2.直流电动机的绕组与换向 3.直流电动机的故障与排除

能力	工作内容	技能要求	相关知识
仪器仪表与电气参数测量	仪器、仪表使用	1.信号发生器的使用 2.毫伏表的使用 3.双踪示波器的使用 4.单臂电桥的使用	1.电子工作台、信号发生器、毫伏表、双踪示波器、实验面包板结构、工作原理及使用注意事项 2.电桥的结构、工作原理
	电气参数测量	1.电能与功率的测量 2.电感量的测量功率因数的测量	1.单相、三相有功电度表的构造工作原理与接线 2.功率表的结构与原理 3.功率因数表的构造、工作原理与接线 4.无功三相电度表的构造工作原理与接线
电子技术应用	电子元件的判别	1.电感的类别、数值及质量的判别 2.桥堆、稳压管管脚质量的判别 3.单结晶体管、晶闸管类别、型号、管脚及质量的判别 4.常用与非门集成块型号与管脚的判别 5. 常用运算放大器集成块型号与管脚的判别	电阻、电容、晶体管、与非门、集成运放的功能及使用注意事项
	电子线路焊接与组装	1.单管放大电路焊接与调试 2.单相整流电路焊接与调试 3.单相可控硅调压电路组装与调试 4.与非门功能测试电路组装与调试 5.反相运放电路组装与调试 6.串联型电源电路	1.晶体管基本放大电路类型、静态工作点作用及决定静态工作点的参数与调整方法 2.整流电路类型及 RC 滤波电路的作用 3.可控硅导通条件及单结晶体管触发电路的原理 4.数字电路的基本知识 5.运算放大器的基本知识 6.电子元件安装基本知识与线路焊接技术要求及注意事项
供电	三相负载接线方式与测量	三相对称负载与不对称负载接线方式与电压、电流量的测量	1.零序电流、零序电压的概念 2.相电流与线电流的概念与负载接线方式的关系
	变压器的测试	1.高低压绕组的判别 2.判断同名端 3.画出Y／Y及Y／△连接的接线图和相量图 4.判别变压器接线组别	1.电力变压器结构及工作原理 2.变压器接线组别的概念 3.变压器的相量图 4.变压器接线组别的判别 5.同名端判断的方法 6.变压器油性能的测试
	供电系统、设备及备用电源	1.供电系统图的绘制 2.低压供电设备的安装调试及二次接线 3.备用发电机组的操作与维护 4.绝缘预防性试验	1.熟悉供电规则 2.熟悉柴(汽)油机及交流发电机的结构与工作原理 3.熟悉绝缘预防性试验的知识 4.熟悉继电保护的基本知识 5.熟悉消防供、配电基本知识

续表

能力	工作内容	技能要求	相关知识
电气控制	可编程控制器	1.电机正反转控制 2.Y/△控制三速电动机控制	1.可编程控制器结构与工作原理 2.掌握 FX 型可编程控制器的逻辑指令 3.利用逻辑指令对电气控制系统进行编程

（5）数控机床操作工职业资格证书（中级）。数控技术是现代制造技术的重要组成部分，数控机床目前已成为几乎所有机械制造领域的切削加工技术装备，掌握数控机床操作和编程是从事这些领域工作的技术人员所必须掌握的实用技能。沿海经济发达地区作为我国现代制造业基地，内、外资企业装备了大量先进的数控机床，急需各级各类掌握数控技术的高技能人才，因此，学习数控技术并获得相应的职业资格证书已成为学生提高自身职业技能，获得内、外资企业高品质就业机会的敲门砖。

数控车床是用来加工盘、轴、套等回转类零件的精密加工设备，学生通过数控技术基础理论、数控原理及系统、数控车床高级编程方法、数控车削的加工工艺、数控车床加工操作的高级方法、先进检测方法及量具的使用、设备润滑和冷却液的使用方法、机械制图及工程材料及金属热处理知识、数控车床的高级保养知识、高级综合操作技能训练的学习，数控车床高级工具备以下职业技能：掌握数控车床高级的编程方法；熟练掌握数控车床加工操作的高级方法；熟悉机床常见报警内容及处理方法；对于较复杂程度的零件能够根据图纸编制加工程序，并独立加工出合格的零件；学生通过专业理论学习和综合技能实训，具备较高水平的数控车床综合应用能力，达到数控领域"金领层"的技术水准。数控车床高级工是在中级工的基础上要求更高的技能训练，主要内容包括：数控车床基础知识模块，加工工艺、工装、夹具等模块，编程与操作，高级工试题库实训，维护保养与安全文明生产模块。通过我校开设的实习实训课程和专门的技能培训，学生的技能水平也将显著提高，大大增强他们的就业能力，提高劳动就业率。数控车床高级工职业技能鉴定方式分为理论知识考试和技能操作考核。理论知识考试采用闭卷方式，技能操作采用现场机床操作、加工零件考核。

考核合格后，可以取得劳动和社会保障部统一颁发的、全国通用的数控车床操作工中级职业资格证书，如图3-3所示。

上机操作试切件的图纸在考试时由监考部门给出，由考生根据图纸进行编程和加工，实物如图3-4所示。上

图3-3　数控车床操作工证书

机考试情景如图3-5所示。

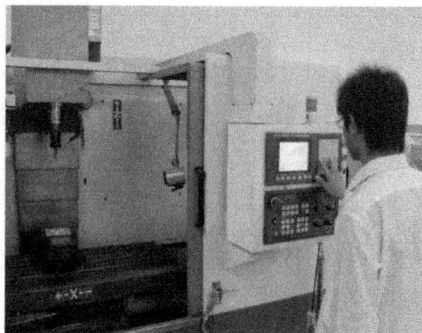

图3-4　加工实物　　　　　　　　　图3-5　上机考试情景

（6）机电一体化能力证书。

①职业能力。掌握机电设备的安装、调试、运行、维修、改造等所需的专业知识和专业技能。

②职业方向。熟练掌握本项目技能后可从事机电一体化设备的设计、安装、调试、维修和管理等相关岗位。

③发证。考核合格后由江苏纺织职教集团颁发的机电一体化能力中级证书。

④考核内容。在基本电气控制电路的基础上，掌握 PLC 的连接和程序设计、掌握变频器的连接和参数设置、掌握触摸屏的程序设计和调试、步进电动机的控制、气动回路的控制等内容。具体内容如表3-9所示。

表3-9　机电一体化能力证书考核内容

模块	内容
模块一 三菱PLC基本模块	PLC结构及工作原理；PLC编程软件的使用；PLC基本指令的应用；PLC步进指令的应用；PLC功能指令的应用；机械手的PLC控制系统安装与调试
模块二 变频器模块	变频器硬件结构及工作原理；变频器安装及线路连接；变频器常用功能参数的设定；小型货物提升机电气控制系统安装与调试
模块三 触摸屏模块	三菱触摸屏的结构与工作原理；三菱触摸屏与外围设备的连接；三菱触摸屏GT软件的使用；霓虹灯的PLC控制系统安装
模块四 步进伺服控制模块	步进电动机的结构与工作原理；步进驱动器的使用；PLC控制步进电动机的电路设计；PLC控制步进电动机的程序设计；运料小车的电气控制系统调试
模块五 气动控制模块	常用气动元件的使用；气动基本回路的设计；气动基本回路的安装与调试

（7）PLC应用能力（高级）。

①职业方向。熟练掌握本项目技能后可从事自动化设备的设计、安装、调试、维修和管理等相关岗位。

②职业能力。掌握自动化工程项目的设计、编程、调试、维修、改造等所需的专业知识和专业技能。

③发证。考核合格后由南京培训中心颁发PLC应用能力高级证书。

④考试内容。在基本电气控制电路的基础上，熟练掌握PLC程序设计、变频器的连接和参数设置、触摸屏的程序设计和调试、步进电动机的控制、PLC特殊模块的使用等。具体内容如表3–10所示。

表3–10 PLC应用能力证书考核内容

模块	内容
模块一 三菱PLC基本模块	PLC结构及工作原理；PLC编程软件的使用；PLC基本指令的应用；PLC步进指令的应用；PLC功能指令的应用；机械手的PLC控制系统安装与调试
模块二 变频器模块	变频器硬件结构及工作原理；变频器安装及线路连接；变频器常用功能参数的设定；小型货物提升机电气控制系统安装与调试
模块三 触摸屏模块	三菱触摸屏的结构与工作原理；三菱触摸屏与外围设备的连接；三菱触摸屏GT软件的使用；霓虹灯的PLC控制系统安装
模块四 PLC特殊功能模块	特殊功能模块FX2N–2AD和FX2N–2DA的使用；空调风机监控系统的设计；空调风机的电气控制系统安装；空调风机的电气控制系统调试
模块五 步进伺服控制 模块	步进电动机的结构与工作原理；步进驱动器的使用；PLC控制步进电动机的电路设计；PLC控制步进电动机的程序设计；运料小车的电气控制系统调试

三、专业学习资源

依据高职教学的特点，教学过程中应强调理论与实践相结合、知识和行动相统一、手脑并用，校企合作。使学生从在校学习平稳过渡到就业。而且，根据实际教学环节中的课程类型，实施不同的教学形式，尤其需要探索"教、学、做"一体化的项目化教学形式。

1.学习资源的范围

为此，需要有满足实践教学的教材、实践基地、网络教学平台等教学资源。

（1）教材。教材的使用必须科学、合理，符合教学大纲要求和国家标准。

学校每学期都对教材使用情况进行分析、总结，不断完善。并结合高职高专学生的特点，使专业教材选用更趋合理。教材应选用近三年出版的教育部推荐的优秀高职高专教材。

在没有合适的教材的情况下，针对所培养人才的实际情况、特点和人才培养的目标，开发适合课程要求的出版教材或自编教材，突出学生的技术应用能力训练与职业素质培养。

（2）实践基地。实践教学在高职教育中处于举足轻重的地位。高职教育强化校内外实训基地的建设，它是高职教育的特色和灵魂，是区别于普通高等教育的重要标志，是高职教育赖以生存的根基。实践教学是高职教学环节中最重要的组成部分，是培养应用型技术人才不可缺少的教学环节，对培养大学生发现问题、分析问题以及解决问题的能力和创新意识具有非常重要的意义，而合适的实践基地是开展一切实践教学的前提条件。

实践基地有校内实训室、校外实训基地、校内工厂、校企共建校内实训室等多种形式。

（3）网络教学平台。依托校园网，建设专业教学资源库系统平台，并充分发挥其在教学中的实际作用，提高网络的运行效率和使用效果，实现网络教学，并做到网络通畅。开发多媒体课件和网络课程，使课程的教学大纲、电子教案、课件、视频、图片等教学资料在网上共享，实现优质教学资源共享；为学生自主学习、个性化学习提供广阔平台。

2. 校内实训基地

校内实训基地是高职工科类院校开展实践教学，提高学生实践动手能力的必备场所。在我国高等职业教育中，校内实训基地承担了实践教学的大部分任务，是学生在校期间实践能力和职业素养形成的主要场所。

具体来说，一是要加强实践教学内容的改革，使学生接受的职业技能训练与国家资格证书认证全面接轨。实践教学的课程设置、教学计划与教学大纲要涵盖职业资格证书的要求。逐步开通高职教育与中高级职业资格证书的"直通车"。二是要充分利用校内实训教学基地的教学资源、人才和技术优势，与劳动部门及有关行业协会积极合作，开发新的职业资格和技能等级标准证书，以促进职业技术教育与地方经济发展的紧密结合，推动地区的技术进步和社会经济发展。三是加大职业技能培训力度。校内实训教学基地除承担在校学生的职业技能训练任务外，还应面向社会积极开展职业技能培训，使之成为本地区职业技能的培训基地。

校内实训基地需要能够满足各种实践教学、职业技能培训、职业技能鉴定、学生科技创新设计、教师教学科研、新技术应用推广的需要，让学生在"做中学""学中做"，真正提高学生的实际动手能力，提高学生就业时的核心竞争力。

开展职业技术培训、技能鉴定和职业资格认证是校内实训教学基地应该承担的另一重要任务。随着我国由学历型社会向资格型社会的逐步转型，就业准入制度的逐步推行，高职院校校内实训教学基地作为地区职业技能培训、职业技能鉴定与职业资格认证中心的功能将越来越得到强化。因此，在校内实训教学基地建设过程中，应该使这一功能得到充分发挥，使之成为本地区职业技能培训和职业技能鉴定的中心。

高职机电一体化技术类专业实训、实习的主要内容如表3-11所示。

表3-11 高职机电一体化技术类专业实训、实习的主要内容

实训项目	主要内容
钳工实训	一般钳工工具的使用、量具的使用、钳工实践
电工电子技术实训	1. 电子元件的检测 2. 电子元件的安装、线缆的焊接 3. 常用电子线路的测量 4. 简单电子产品的制作 5. 设计较为复杂的电气控制线路 6. 利用电子元件制作和调试各种模拟放大电子电路、数字逻辑电路 7. 常用电子元件的检查设备的使用（示波器、信号发生器等）
机加工实训	1. 了解常见普通机床的型号、结构、用途等 2. 掌握常用工具、量具、夹具的使用及刀具的刃磨方法，按照图纸加工零件
测绘制图	1. 熟练掌握绘图软件的使用 2. 掌握装配体的测绘方法与步骤、尺寸基准选择原则、技术要求选择原则 3. 能够绘制各类机械零件图和中等难度的装配图，熟练构建三维实体造型
数控编程实训	1. 数控机床基础与结构认识 2. 数控机床的维护 3. 数控车床编程基础知识 4. 数控车床的加工操作
电气控制与PLC实训	1. 电动机的正、反转控制 2. 电动机的Y/△降压启动控制 3. C6140车床的电气控制线路分析 4. 多种液体混合的PLC控制系统设计等多个项目的训练
液压与气动实训	1. 气动元件的拆装 2. 气动回路的安装、调试、气动控制电路的安装、调试 3. 液压回路的安装、调试、液压控制电路的安装、调试
机电一体化设备故障诊断与维修	1. 机电设备的安装、拆卸、装配、维修方法 2. 失效机械零件的修复和更换 3. 机修中常用的精度检测方法 4. 常用维修仪器的技术指标和使用方法 5. 电气控制电路的分析 6. 电气控制电路的故障诊断与排除 7. 数控机床常见故障诊断与维修
顶岗实习	1. 产品生产流程 2. 设备的种类、功能、加工工艺范围 3. 零部件生产的加工工艺文件、零件尺寸误差和形状误差的控制方法 4. 产品电气控制原理图读识 5. 企业设备管理、保养和维修制度 6. 产品的销售政策、销售体系

3. 校外实训基地

校外实习基地能够提供学生的实习岗位，以充分满足教学需要。实习基地与学校签订产学结合协议书，长期承担学生的现场教学、顶岗实习、毕业设计等教学任务。

校外实践基地一般设在正常运转的企业，以一系列考勤、考核、安全、保密等规章制度及员工日常行业规范来真实地约束学生，使学生在实训期间养成良好的职业习惯、职业道德。校外实践基地是实现校企合作、产学结合，培养学生实践能力、创新能力的有效模式，是区别于普通高等教育的显著特点。

四、专业学习原理与学习方法

大学期间的专业学习，与高中及以前的学习原理与方法有着很大的区别。对大一新生而言，了解这一点，非常必要。

1. 大学学习与高中学习的区别

大学时期的学习与高中时期的学习相比，在生活和学习方面均存在着许多不同之处。

（1）生活方面的不同。

①生活环境的不同。一般上大学都需要住校，绝大多数是到外市或外省，家长不可能跟在身边，这便要求远离家长的我们更要照顾好自己，需要比高中时期更具独立生活的能力。

②心态的不同。在大学里，很容易感觉到空虚和无聊。学生在中学的时候总是有人管，上了大学，课外有很多空闲时间，自然易感无聊。这个时期，需要学生去多学些东西或者多参加些社会实践，充实、锻炼自己。

③自由支配的时间不同。大学相对高中可供自己支配的时间充裕得多。甚至有时在工作日都是半天没有课，这便要求我们安排好自己的时间，以免光阴虚度。

（2）学习方面的不同。

①知识深浅不同。从课程上来讲，大学课程一般门数较多，内容教多，概括性强，因此，要学习的知识比高中要多得多，而且知识内容深，理解较为困难。因此，大学期间学习的困难程度要比高中高得多。

②教学模式的不同。在高中时期，不管什么课程都是单班上课，而且几乎天天都能见到老师，有了问题找老师很方便，甚至有时老师会找我们检查学习情况。然而在大学课堂上，多是老师滔滔不绝地讲，有时会记满数十页的笔记，同学们既要听讲，还要做笔记，上课时的紧张程度与高中不可同日而语。同时根本不存在什么晚自习教师巡视或办公室答疑，主要是靠自己自觉来完成课程的学习。

③学习方式的不同。高中时期每节课和自习课都是我们一个班的人一起上课，而大学时

期有的课程是单班上课，有的则是几个班一起上课。中学生的课后学习，是统一上自习。而大学生是个人选择自己认为合适的地点，或是图书馆，或是教室，也可以是宿舍。至于课后的学习时间和具体安排，大学生有充分的自由支配权。

④考试方式和要求的不同。高中时期在课程学习过程中，有许多平时练习、单元检测，所以，期末考试时我们心里都还有底，即使期末考试成绩不及格仍可继续跟班学。大学时期则不同，平时练习和作业量不大，是否自己独立完成全靠自觉，教师很少检查，而且单元检测和章节复习很少，甚至没有。考前的复习主要由学生自己完成，如果考试不及格，必须进行补考或重修。不及格科目达到学校规定的门数，则不能毕业，失去学位。因此，大学的学期考试比高中要严峻得多。

2. 对大学学习的要求

（1）从待哺到自觉——大学学习的自学性要求。很多同学进入大学很长时间也不能很好地掌握大学的学习方法。中学学习方法的惯性导致他们进入了一个严重的误区。由中学的"领、看和管"的规定性学习方法变为大学的自由学习方法，他们很不适应。中学是老师领着学、看着学、甚至是家长管着学、逼着学。大学的学习则完全从这种状态中解放了出来。与中学生比较起来，大学生是极为自由的。但是，大多数同学并没有充分利用这种自由。大学的自由是思想的自由、探索的自由、个性发展的自由、自学的自由。很多同学在享受解放的自由的同时，并没有获得思想的自由、学习的自由。一个被管惯了的学生，在给他充分自由的时候，会变得无所适从。

大学主要的学习方法是自学。在充分自由的、没有人管、没有高考的压力下的自我学习习惯的培养是大学学习的关键。这就要实现以下几个方面的转变：

①由要我学到大学的我要学的转变；

②由被动学到大学的主动学的转变；

③由盲目性到大学的清醒性的转变。

（2）从知识到理论——大学学习的理论性要求。总体来说，中学学习是侧重知识，而大学学习则是侧重理论。知识的学习是横向的平面的累加；理论则是纵深的体系性的构建。知识是常识性的，理论则是对常识的解释或产生常识的原创性的东西。对大学生来说，理论是极其重要的。不要惧怕理论，不要蔑视理论，不要忽视理论。知识是海洋，理论是灯塔；知识是群山，理论是泰山，登泰山而小天下。只有理论才能深刻地揭示现象。

（3）从隔绝到关联——大学学习的相关性要求。中学学习的知识相对来说是不太强调关联性的，而大学就必须注意知识的相关性。强调知识的关联性、跨学科性、跨文化性是大学学习的必然要求。没有这种知识的联系性和跨学科性的学习，肯定不是成功的学习。胡适曾经说过："读一书而已则不足已知一书"。一书不可能解释一书本身，一书只有在另外一书或多书的参照下才能获得较为准确的解释。大学学习的相关性是极其重要的。这种相关性本身就带来了知识结构的变化、思想观念的变化、思维方式的变化和研究问题方法的变化。

（4）从常识到思想——大学学习的创新性要求。不仅要学习常识，比知识积累更重要的是思想、学术见解、学术探索精神和学术创造能力的培养。不是重复常识，而是锻炼学术意识，这是大学学习的根本任务。中学学习并没有明确这个根本任务。但是很多同学是带着积累知识的惯性来学习的，这就忽视了学术思维习惯、学术探讨精神和学术创造能力的培养。这里有一个不小的误区需要特别注意，那就是特别强调知识积累的问题。积累确实很重要，积累是打基础，基础当然越宽厚越好。但是，这种观念常常是以忽视或根本不注意创造性培养为前提代价的。打基础和创造的关系要处理好，打基础不光是死记硬背，不光是学习前人的知识；还有创造性的培养，创新思维的培养，创造力的形成。

（5）从泛泛到方向——大学学习的专业性要求。大学生需要培养专业意识、专业兴趣。专业化的读书、专业化的选择学习内容是大学学习的最基本要求。但不是每个人都能实现得了的。比如学习文学的同学，不少人不能以文学专业——文学鉴赏、文学批评、文学研究的专业化的角度在读书和讨论。有一些同学显然还是把读书的范围、读书的层次、读书的兴趣停留在中学阶段，或等同于非专业同学读书的层面。应该时时记住自己是学什么专业的，应该有不断的超越。

（6）从专业到兴趣——大学学习的个性化要求。兴趣是最好的老师。对什么东西更感兴趣，就要集中精力、时间和热情全力去研究什么问题。研究兴趣的培养可以给我们带来学习的热情、学习的方向和学习的成就。要以我们整个人生设计和追求为前提去学习，大学学习期间可能不会有大的学术成果，但还是能为今后的发展奠定坚实的基础，学到了一些研究方法，最重要的是培养了浓厚的兴趣。长期积累，长期研究，长期思考，必有成就。

（7）从书本到实践——大学学习的实践性要求。中学学习，一般来说，还不那么特别强调知识向实践的转换，大学则完全不同了。大学特别是今天的大学必须实践性地去学。不转化成实际能力的知识不是真知识；不转化为实际能力的知识仍然是外在于我们的知识；不转化为实际能力的知识是没有用的知识。学习机电一体化技术专业的学生，一定要养成勇于实践的习惯，避免缺少实际能力、眼高手低。

（8）从一般到博精——大学学习的博精性要求。有人曾经深刻地指出：专攻一技一艺的人，只知一样，除此之外，一无所知，这一类人，影响于社会很少。这样的人是旗杆似的人——孤单可怜。一张很大的薄纸禁不起风吹雨打。理想中的学者，既能博大，又能精深。为学要如金字塔，要能广大要能高。博是为了精，精必须建立在博的基础上。

（9）从茫然到问题——大学学习的问题性要求。没有问题的学习是最大的问题。中学学习是对未知的学习，大学的学习是对问题的探讨。"总得时时寻一两个值得研究的问题"。脑袋中没问题的学习不会是很成功的学习。问题是学习的老祖宗。如果没有一两个问题在脑子里盘旋，就很难继续保持进取的热心。早有学者告诫学生要带一两个麻烦而有趣的问题在身边，因为它是第一要紧的救命的宝丹。

（10）从内容到方法——大学学习的方法性要求。大学当然要学习许多内容，但大学学习中最重要的仍然不是某种积累的内容，而是学会学习的方法。是在学习各种课程中，读各种书籍中，查阅各种资料中学到一种学习的方法。学到一种学习方法你就会自己学习了，能受用终生，带着这一双翅膀，在知识和学问的天空中自由的飞翔。如果把老师比作渔夫的话，我们学生向渔夫要的不是鱼，而是网和用网打鱼的方法。

（11）从困顿到反思——大学学习的总结性要求。每学期甚至每周都要进行反思和自测，常问一问以下问题：我在做什么？我的动手能力提高了没有？我对什么东西最感兴趣？我读了哪些书？我的理想究竟是什么？我为这个理想作出了什么努力？我将来能做什么？我为将来做了哪些必要的准备？我到底取得了什么收获？我现在的学习和中学时的学习有什么区别？我与其他同学有什么差别？我的优势和不可替代性是什么？阻碍我继续进步的主要问题是什么？我的学习有没有计划性？本专业和相关专业的重要书籍我读了多少？我有没有新的理想？我为这个新的理想有没有付出努力？这种反思和自测是十分必须和重要的。

大学生的成功有三件法宝，那就是理想、奋斗精神和学习方法。理想使你的人生有了前进的方向；奋斗精神使你的人生有了永不衰竭的热情；学习方法使你在理想的道路上飞得更高更快更远。愿学弟学妹们树立远大理想，不懈奋斗，学会大学学习的方法，在大学和未来的人生道路上飞得更远、更美、更潇洒。

3. 机电专业课程学习原理

机电一体化技术专业是实践性很强的一个专业，在进行专业学习时，应遵循下列原理：

（1）学习的基本概念。学习是非常普遍的活动，每个人都会经历。一般而言，学习是指基于经验悟性等导致行为或能力发生变化的过程。

（2）学习的分类。学习有广义和狭义之分。广义的学习是人类和动物共同具有的一种心理现象，是有机体适应环境的重要手段。狭义的学习是指知识和技能的获得以及智力和能力的发展和培养。

（3）学习的心理条件。在智力因素方面，机电一体化技术专业的学习，必须注意培养自己的观察力、记忆力、想象力、思维力、注意力。

在非智力因素方面，机电一体化技术专业的学习，必须有良好的动机、浓厚的兴趣。

学习过程中应该同时调用感性与理性思维，在肯定自身现有能力的基础上，充分发挥主观能动性，获得更好的学习效果。

4. 机电专业课程教学方法

（1）培养学生学习兴趣。俄罗斯有一句谚语："你可以把马牵到河边，却不能强迫马喝水。"学习亦如此，"兴趣是最好的老师"。学习兴趣的培养对提高高等职业院校机电专业基础教学质量尤为重要，因为长期以来，高等职业院校学生的逻辑思维和想象力普遍较差，加之机电专业的相对知识比较枯燥，使得学生的学习较为被动，而且课堂教学往往千篇一律，主要以被动接受书本知识为主要特征，忽略了学生的主动性、能动性和独立性，导致学生对学习失去兴趣。怎样才能提高学生的学习兴趣呢？只有采用多种新颖的教学方法帮助他们树立信心，培养其浓厚学习兴趣，才能激发其学习动机。

以下是机电专业教学过程中，教师常常使用的一些教学方法，这些方法不同于高中阶段，学生应该加以了解，与教师形成互动，从而培养和激发学习兴趣。

①上好起始课，采用形象教学法，从此激起兴趣。教师是教学活动的组织者、领导者和实施者，教师本身的言行与精神面貌是个不可低估的精神力量，它能直接感染学生，可使学生在与你第一次见面时被你的风采深深吸引住，从而产生好感，产生共鸣。但单靠仪表仪容这方面是远远不够的，当一个人对事物有迷惑、疑问、好奇时，就会有兴趣去了解学习。作为教师，要认真准备好第一节课，所谓"良好的开端是成功的一半"，学好第一课会为学生今后的学习打下良好的基础，既能强化学生的好奇心，又能激发学生学习的兴趣，使学生主动参与学习。如《机械制图》是一门专业基础课，它不同于学生以前所学的文化课，其课程形式、课程结构、教学方法都是学生没有接触过的，所以一开始学生会好奇，有新鲜感，就要抓住这一机会，强调课程的重要性和学习方法，鼓励学习成绩差的学生，不要害怕，从头开始，给他们学习的信心。带学生参观高年级同学的板图作业，激发学生内在的学习热情，激励学生的学习兴趣。又如在介绍《车工工艺学》的绪论时，应预设充足的学时，讲述从公元前直到17世纪中叶金属切削加工的发展过程，增设趣味知识，从而吸引学生的兴趣，了解车工工艺学的重要性，促使学生主动学习。学生在得知该课程和其他课程的紧密联系后，很快会产生学好的信念，大大提升学习动机。高职机电学生基础不强，知识根底浅，加之各门专业基础课和专业课知识点多、涉及面广，内容单调乏味。在学生缺乏感性知识的情况下，靠老师在课堂上口述板书来向学生传授专业知识，很容易使学生产生厌倦情绪。如果我们通过现场教学使学生身临其境，组织机电专业学生参观机电博览会，使学生亲眼看看魅力无穷的各品牌汽车、家电，亲身体会一下现代化的科技产品给人们带来的便捷、舒适和享受。利用多媒体形象技术把机电专业知识通过生动有趣的动画、跌宕起伏的声响、通俗易懂的简图展示在学生面前，全方位刺激学生的感官，多角度地调动学生的情绪，激发学生浓厚的学习兴趣，使其产生强烈的求知欲望，由被动学习转变为主动学习。兴趣出勤奋、兴趣出天才。心理学家认为：学习兴趣是学生学习自觉性和积极性的核心因素，是学生学习的强心剂。因此兴趣是最好的老师，是学生主动学习、积极思维、探索知识的内在动力。目前学生厌学是中专学校一个老大难的问题，如果我们通过形象教学法激起了学生学习的兴趣，激发了学生

学习的内动力，机电专业的教育和教学就成功了一半。

②有目的地引入问题，激发学生学习的主动性与积极性。当教师在教学中有目的地引入问题，就会带动学生思考，并自主想办法解决问题，从而产生学习愿望。通过问问题的方式，促使学生思考、领悟，充分发挥学生学习主动性和积极性，变学生被动接受教学为主动参与教学，让教与学表现为动态过程，这样课堂才有强大的吸引力，才能引发学习兴趣，增强学习动机，引导学生主动获取知识。在《机械基础》教学中实施启发式教学，遵循"问题让学生提出，错误让学生找出，规律让学生推出，结论让学生得出"的原则发动学生展开讨论，让他们各抒己见，互相解答，互相补充，教师再从旁加以引导，使学生在争论中得到明确的认识，从而提高学生的学习热情。如在讲授"渐开线的性质"这部分内容时，教师不能简单让学生被动地接受书中的结论，而是要让学生主动参与知识的形成过程。首先可自制一个基圆图样，用铁丝作发生线，让铁丝在基圆上作纯滚动，让同学们看清楚渐开线（即发生线上一点的轨迹）的形成过程，接着提问："发生线在基圆上滚过的线段 NK 跟基圆上被滚过的一段弧长 $\overset{\frown}{NC}$ 有什么关系？"组织学生讨论，让他们各抒己见，再用数学方法加以引导，让他们得出" $NK=\overset{\frown}{NC}$ "的结论。这种教学方式使学生加深了印象，提高了学生的自信心和学习兴趣。又如在给学生讲渐开线齿轮啮合特点时，教师可引出"三线两角"的概念、提出疑问，让学生自己阅读教材找出答案，然后教师再启发讲解，加深理解。这样学生就由启而发，很容易把本节难点攻破，学习兴趣油然而生。

③利用计算机制作课件，提高学习兴趣。现在计算机技术不断更新，计算机辅助教学作为一种新的教学模式已走进课堂。在这种模式下，教师在教学中采用多媒体课件既能实现预期目的，解决教学中的重点和难点，又能降低教学难度，使学生的学习兴趣得到提高，培养学生思维能力，从而优化课堂教学，提高教学效率。古人亦云："知之者不如好之者，好之者不如乐之者。"人最重要的就是去做真正想做的事情，跟着兴趣走。所以学生的学习兴趣能鼓舞和巩固学习动机，并能激发学习积极性。假如能激发学生的学习兴趣，就能使学生主动求知，主动探索。多媒体课件演示的内容动感强，比其他媒体更富有吸引力和渗透力，所以在制作多媒体课件时，教师们要充分利用好计算机，极力谋求生动的画面内容，适当添加动画音乐，在动画和音乐中融会贯通教学的内容，令学生爱听、爱看，从而调动学生的学习积极性。学生在学习、练习过程中，他们的回答正确与否，需要教师给予肯定或否定的答复。多媒体课件展现的内容多姿多彩，能给学生提供探究的环境，展示具有现代意义的问题，在课堂中设置一些使学生似懂非懂，但又能通过自身独立思考、判断，提出自己一些见解的问题背景，从而在一定程度上推动学生的理解与思维的发展，给学生留下思考的空间，使学生学会主动思考、主动学习、主动创造。教学内容、教学方法、多媒体技术三者在计算机上的有机配合，就形成了多媒体课件。多媒体技术能充分发挥教师的主导作用，并充实教

学手段，改善教学方法。多媒体课件能做到大容量，以及内容与形式多样化，让学生在感知事物时拥有宽阔的思维领域，充分发挥了学生的主体作用。可见，在教学中，多媒体课件能有效地提高学生的兴趣，培养学生的探究意识和思维能力。

④制作实物模型，加强实践操作技能，提高学习兴趣。中等职业学校的大部分学生都缺乏抽象思维能力，而某些课程的许多知识点的理解和掌握，都需要很强的抽象思维能力。在教学中往往是教师讲解得头头是道，可学生却迷惑不解，效果不尽如人意。要摆脱这种教学的窘境，让学生能积极主动地投入教学中，在介绍这些知识点时，可从形象直观的教学方法入手，从中帮助学生逐步建立和形成必要的抽象思维，并最后过渡到抽象思维的不断完善和巩固。例如在教授"机械制图"这门课程时，许多知识点都有必要从形象直观的实物模型讲起，如课程中对"点、线、面及其投影""立体的投影特点""立体表面的展开""轴测投影""组合体的视图""视图、剖视和剖面"等章节中的一些基础知识的理解，若能配合必要的实物模型的演示，并让学生课余采用木材或泡沫等材料自制一些教学模型，使学生从有形实在的东西逐步想象出无形虚幻的结构，不断从中挖掘、培养和建立学生自身的空间想象即抽象思维能力，必能调动和激发学生的学习主动性，使其感受到学习的乐趣和快感。教师应根据专业要求和各课程的特点，不断引导、培养、强化学生的实践操作技能，并做到有的放矢、循序渐进。如在《AutoCAD二维》课程教学中，要求学生在学习CAD软件的过程中，在掌握其基本功能的基础上，学会如何使用该软件绘制机械图形。在两学期的教学计划中，分阶段合理确定教学目标也是至关重要的。如第一学期学会运用CAD软件，熟悉各种绘图和编辑命令的应用，能绘制和编辑平面图形。第二学期能灵活运用CAD软件，绘制复杂的平面图形和零件图，并学会书写文字和标注尺寸。只有按部就班，才能最终实现该课程的教学目的和要求。总之，机电专业众多课程如车工工艺学、电力拖动与自动控制、可编程控制、数控加工技术、数控机床与编程、CAD/CAM计算机绘图、Mastercam模具设计、数控加工等因有很强的操作技能要求，可在教学中大力采用实践操作教学法。

⑤采用情感教学，增强学生的自信心和学习兴趣。专科生比起学历较高的本科生、研究生往往缺乏自信心，但他们也有强烈的自尊心，渴望得到赞扬。所以高等职业院校教师根据学生的特点，要多采用情感教学，如激励教学，就是激发人的动机，调动人的积极性。激励是由必然向自然的发展过程，使主体人发生心理变化，产生质的飞跃。教师要充分调动学生的积极性、主动性，让学生动脑、动口、动手去行动、去探索，使学习活动成为学生的自主活动。

一般来说，每个学生都有参与学习的愿望与需要，然而参与意识的水平和参与的主动性程度是不一样的，教师通过运用多种方法和手段进行激励教育，就能使学生最大限度地参与到教学中来，提高学习的主动性和兴趣。此外，要多开展丰富多彩的活动。高职业院校学生一般性格活泼，好奇心强，动手能力强，这是他们的优势。在教学中，教师要扬长避短，因材施教，抓住学生的思想脉搏，激发学生的学习兴趣，多组织课外活动，成立兴趣小组，如AutoCAD制图、自动控制、数控车等兴趣小组，用竞赛形式以激活学生的兴趣。学生好胜心强，渴望成功，利用这一特点，我们组织小组之间、班级之间的竞赛。在竞赛中发现人才、培养人才，形成一个你追我赶的良好氛围。同时，通过这一活动，也促进了理论课的学习，形成了理论与实践教学的良性循环，进一步激发了学生学习的积极性和兴趣。

总之，教学有法，教无定法，只要教师们在教学过程中注意优化教学活动的策略，把握好活动过程中的操作环节，采用各种有效方法培养学生的学习兴趣，调动学生学习的积极性，使"要我学"变"我要学"，就能达到最佳效果。

（2）机电一体化技术专业的学习特点。

①知识和技能的学习是专业学生学习活动中最基本的内容，其目的是为了教会学生怎样去解决问题，并在问题的解决中得到创造性的提高。

②知识学习的基本环节为知识的感知、理解、巩固、应用，知识是技能的基础与理论支撑，与技能学习相辅相成。

③针对高职院校培养应用型人才的目标，应重视和积极锻炼动手能力。动手技能形成的基本环节为认知阶段、联结阶段、自发阶段。

思考题

1. 专业人才培养目标是怎样制订出来的？

2. 新型纺织机电技术专业人才培养目标是什么？

3. 电气自动化技术专业人才培养目标是什么？

4. 机电一体化技术专业人才培养目标是什么？

5. 专业课程体系由哪几个部分组成？

6. 机电一体化技术专业的核心技术课程是哪几门？

7. 电气自动化技术专业的核心技术课程是哪几门？

8. 新型纺织机电技术专业的核心技术课程是哪几门？

9. 机电一体化技术专业学生毕业时必须取得哪几个技能等级证书？

10. 电气自动化技术专业学生毕业时必须取得哪几个技能等级证书？

11. 新型纺织机电技术专业学生毕业时必须取得哪几个技能等级证书？

12. 大学学习与中学学习的区别体现在哪些方面？

13. 所学专业人才培养计划中规定的职业资格证书要求是什么？

专题四　专业见习

学习目标

1. 理解专业学习的重要性;
2. 了解实训室的功能;
3. 了解校外实训基地情况;
4. 理解校外实训基地见习的方法。

　　通过大一新生进行校内实训基地和校外实践基地的实地参观、听讲解,亲自动手操作,即专业见习,可使学生对专业的内涵有一个直观的认识,对今后学生就业很有帮助。

一、校内专业见习

　　校内见习是在校内实践基地开展实践教学,提高学生实践动手能力的必备场所。在我国高等职业教育中,校内实践基地承担了实践教学的大部分任务,是学生在校期间实践能力和职业素养形成的主要场所。校内实践基地大都是实验室或实训室的形式。

1. 校内实践基地的主要功能

　　校内实践教学基地的主要功能是开展实践教学和培养学生的职业素质。实践教学的内容有对应专业基础课程的一般技能训练,对应专业课程的专业技能训练,对应课程设计与毕业设计的综合技能训练,还有对应素质教育的工业化训练以及对应工种考核的专门化训练。

　　职业素质培养是校内实践教学基地教学工作的重要任务,但它又独立于教学工作另有其独特的含义。如实践教学基地面向所有工科类专业开设电工、金工、电子等方面的基本训练课程,既能了解有关机电的基本知识,初步具有一般的相关技能。同时又能使学生熟悉工业生产对劳动者的基本要求,接受"工业"的熏陶。实践教学本身对学生职业素质的影响也是十分明显的。通过实践教学中的合作与分工可以加强学生团结协作的精神;通过综合性、创新性的训练项目可以强化学生刻苦钻研,勇攀科学高峰的意志;通过开放性、自主性实训,可以培养学生独立思维与自立的能力;通过各种流程的训练,并开设安全与质量管理的相关课程或讲座,可以培养学生的质量意识与安全意识等。

开展职业技术培训、技能鉴定和职业资格认证是校内实践教学基地应该承担的另一重要任务。随着我国由学历型社会向资格型社会的逐步转型，就业准入制度的逐步推行，高职院校校内实践教学基地作为地区职业技能培训、职业技能鉴定与职业资格认证中心的功能将越来越得到强化。因此，在校内实践教学基地建设过程中，应该使这一功能得到充分发挥，使之成为本地区职业技能培训和职业技能鉴定的中心。具体来说：一是要加强实践教学内容的改革，使学生接受的职业技能训练与国家资格证书认证全面接轨。实践教学的课程设置、教学计划与教学大纲要涵盖职业资格证书的要求。逐步开通高职教育与中高级职业资格证书的"直通车"。二是要充分利用校内实践教学基地的教学资源、人才和技术优势，与劳动部门及有关行业协会积极合作，开发新的职业资格和技能等级标准证书，以促进职业技术教育与地方经济发展的紧密结合，推动地区的技术进步和社会经济发展。三是加大职业技能培训力度。校内实践教学基地除承担在校学生的职业技能训练任务外，还应面向社会积极开展职业技能培训，使之成为本地区职业技能的培训基地。

2. 校内实践基地示例

每个学院的机电一体化技术专业都有校内实验室，尽管名称、设备、功能会存在一定的差别，但其实质差别不大。

（1）电工实验室。电工实验室主要承担机电一体化技术、电气自动化技术、电子信息工程技术等专业的《电工基础实验》教学任务，如图4-1所示。通过电工实验教学，学生可对直流电路与交流电路基本知识有更深入的理解，初步掌握常用电工仪器仪表的使用及操作方法、掌握电工实验的基本原理、基本方法和基本技能，提高实践动手能力，进一步巩固所学的理论知识，为后续专业课程的学习打下基础。

图4-1 电工实验室

主要设备、仪器：一般有电工技术实验箱、直流稳压电源、万用表等。

主要实验项目：基尔霍夫定律的验证、戴维南和叠加定理的应用、RC电路和RLC串联谐振电路的特性、日光灯电路及功率因数的提高、三相交流电路的测量等。

（2）模拟电子技术实验室。模拟电子技术实验室主要承担机电一体化技术、电气自动化技术、电子信息工程技术等专业的《模拟电子技术实验》及《模拟电子技术实训》教学任务，如图4-2所示。通过该实验室的实验（实训），使学生掌握常用电子仪器仪表的使用及操作方法，掌握模拟电子技术实验的基本原理、基本方法和基本技能，加深基本理论和基本

图4-2　模拟电子技术实验室

图4-3　数字电子技术实验室

概念的理解；提高发现问题、分析问题、解决问题的能力；激发学习兴趣，启迪创造性思维；初步具有模拟电子线路的设计、安装与调试能力。

主要设备、仪器：一般有模拟电子技术实验箱、示波器、函数发生器、交流毫伏表等。

主要实验项目：电子元器件的识别与测量、单双管交流放大电路、负反馈放大电路、集成运算放大电路、RC正弦波振荡电路、差动放大电路、整流滤波电路等。

（3）数字电子技术实验室。数字电子技术实验室主要承担机电一体化技术、电气自动化技术、电子信息工程技术等专业的《数字电子技术实验》及《数字电子技术实训》教学任务，如图4-3所示。通过该实验室的实验（实训），掌握数字电子技术实验的基本原理、基本方法和基本技能，加深基本理论和基本概念的理解；初步具有数字电子线路的设计、安装与调试能力。

主要设备、仪器：一般有数字电子技术实验箱、数字万用表等。

主要实验项目：门电路功能测试、门电路参数测试、组合逻辑电路设计、加法器、译码器、编码器、数据选择器、触发器、计数器一、计数器二及555电路的应用等。

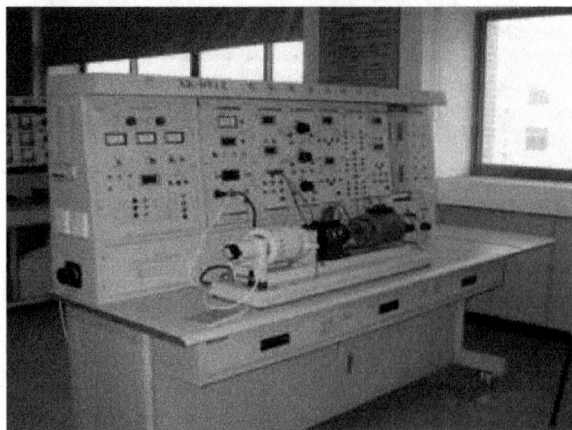

图4-4　电力拖动实验室

（4）电力拖动实验室。电力拖动实验室主要承担机电一体化技术、电气自动化技术等专业的《电机与拖动实验》《电机与继电器控制技术实验》《工厂供电实验》等教学任务，如图4-4所示。通过该实验室的实验，学生可进一步巩固和加深电动机与拖动基础知识的理解，了解工厂变配电所及一次系统、二次系统的保护，能正确使用仪器设备，掌握变压器的参数测试方法，电机调速的控制方法，掌握高、低压一次设备电器的作用，工厂一次系统图绘制方法，二次线路的分析方法等，为后续专业课程的学习及从事电力技术工作打下基础。

主要设备、仪器："XK-DTJH电机拖动实验系统"、高压柜、电工测量仪表。

主要实验项目：变压器参数测试、三相异步电动机机械特性测试、直流电动机机械特性测试、供电系统认识、供电倒闸操作、一次系统图绘制、二次电路分析等。

（5）电气控制实训室。电气控制实训室主要承担机电一体化技术、电气自动化技术等专业的《电机与电气控制实验》《电工实训》等教学任务，如图4-5所示。实训室为理实一体化实训室，完全满足基于工作过程的项目化教学的要求。通过该实训室实验（实训），学生会设计电气控制系统原理图、安装接线图、元器件布置图；会根据控制系统要求进行常用低压电器的选型；会安装、调试与检修常用机床电气控制电路；会安装、调试与检修典型纺织设备电气控制电路。

图4-5　电气控制实训室

主要设备、仪器：网孔板、万用表、常用低压电器、常用电工工具等。

主要实训项目：三相异步电动机正、反转控制电路的安装与调试、三相异步电动机星三角控制电路的安装与调试、双速电动机控制电路的安装与调试、C6140车床控制电路的安装与调试等。

（6）PLC与变频技术应用实训室。PLC与变频技术应用实训室主要承担机电一体化技术、电气自动化技术等专业的《PLC与变频技术应用实验》《变频器技术应用实验》《PLC实训》等教学任务。通过该实训室的实验（实训），学生会根据系统控制要求正确选用PLC与变频器；会根据控制要求正确编写PLC程序与设定变频器参数；会用PLC与变频器设计较复杂的电气控制系统；会用PLC与变频器对继电控制系

图4-6　PLC与变频技术应用实训室

统进行技术改造；会安装、调试与检修较复杂电气控制系统，如图4-6所示。

主要设备、仪器：PLC实训设备、计算机、常用电工工具等。

主要实训项目：多种液体自动混合装置的PLC控制、全自动洗衣机的PLC控制、交通信

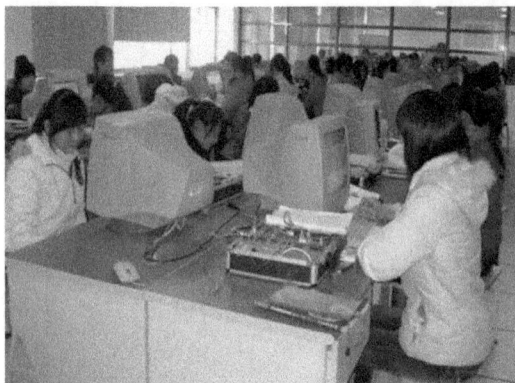

图4-7 单片机实训室

号灯的PLC控制、小型货物提升机的PLC与变频器控制、PLC与变频器在某机电设备中的应用等。

（7）单片机实训室。单片机实训室主要承担机电一体化技术、电气自动化技术等专业的《单片机技术实验》《单片机技术及工程应用》《单片机实训》等教学任务，如图4-7所示。通过该实训室的实验（实训），学生会根据控制要求进行常用单片机的选型；会根据控制要求设计单片机硬件电路；会根据控制要求编写单片机控制程序；会安装、调试与检修单片机控制电路；会正确使用单片机开发系统等。

主要设备、仪器：单片机（如Mcs-51）实验箱、计算机等。

主要实训项目：8051单片机P3/P1口应用、AD0809模数转换应用、DA0832数模转换应用、步进电动机的单片机控制、直流电动机的单片机控制、8279键盘显示接口技术、16×16LED点阵显示、128×64LCD显示等。

图4-8 自动化生产线

（8）自动化生产线实训室。自动化生产线实训室主要承担机电一体化技术、电气自动化技术等专业的《自动化生产线安装与调试》《机电一体化实训》等教学任务，如图4-8所示。该实训室选用的设备为生产线，每条生产线上一般有安装送料、加工、装配、输送、分拣等工作单元，构成一个典型的自动生产线的机械平台。通过该实训室的实验（实训）学生会根据控制要求进行常用传感器、气动元件的选型；会安装调试与检修自动化生产线；会使用触摸屏组建工业网络监控系统；会使用CC-LINK进行工业网络控制；会用PLC实现步进电动机、伺服电动机的定位控制。

主要设备、仪器：自动化生产线、计算机、数字万用表等。

主要实训项目：自动线供料单元的安装调试与检修、自动线机械手单元的安装调试与检修、自动线加工单元的安装调试与检修、自动线搬运单元的安装调试与检修、自动线分拣单元的安装调试与检修、自动线装配单元的安装调试与检修等。

（9）自动化综合实训室。自动化综合实训室主要承担机电一体化技术、电气自动化技术等专业的《机电控制系统调试与检修》《机电一体化实训》等教学任务，如图4-9所示。通过该实训室的实验（实训），学生会进行简单机电控制系统硬件设计与软件设计；会安装、调试与检修常见机电控制系统；会根据控制要求改造机电控制系统。

主要设备、仪器：可包括单轴控制实训装置、双轴控制实训装置、立体仓库实训装置、机械手实训装置、分拣装置、过程控制实训装置、

图4-9 自动化综合实训室

电梯实训装置、计算机、数字万用表等，根据各个学校的具体情况选择设备与仪器。

主要实训项目：单轴控制安装调试与检修、双轴控制调试与检修、立体仓库调试与检修、四自由度机械手调试与检修、分拣装置调试与检修、六层电梯调试与检修、过程控制、恒张力控制系统调试与检修等。

（10）机电一体化实训室。机电一体化实训室主要承担机电一体化技术、电气自动化技术等专业的《机电一体化技术》《机电一体化实训》等教学任务，如图4-10所示。通过该实训室的实验（实训）学生能够掌握机电一体化应用技术，掌握人机界面的使用，掌握运动控制技术、总线控制技术、过程控制技术等。

主要设备、仪器：机电一体化实训设备、计算机等。

图4-10 机电一体化实训室

主要实训项目：运料小车PLC控制系统设计制作、染色用化料筒PLC控制系统设计制作、数控加工中心刀具库选择的PLC控制、PLC与变频器在工业洗衣机中的应用等。

（11）电力电子与调速系统实训室。电力电子与调速系统实训室主要承担机电一体化技术、电气自动化技术等专业的《电力电子技术》《变频技术应用》等教学任务，如图4-11所示。通过该实训室的实验（实训）学生可掌握现代电力电子器件的特点；掌握常见整流、逆变电路的工作原理；掌握触发电路的调试、检测方法；掌握单闭环电路的调速特点及应用；掌握双闭环电路的调速特点及应用。

图4-11 电力电子与调速系统实训室

主要设备、仪器："MC-Ⅱ电力电子技术实验装置"、示波器等。

主要实训项目：单结晶体管触发电路及单相半波电路研究、单相桥式整流电路研究、三相全控桥整流电路研究、单相交流调压电路研究、晶闸管调光灯电路的组装与调试等。

图4-12　气动控制实训室

（12）气动控制实训室。气动控制实验室主要承担机电一体化技术、机械制造等专业的《气动控制技术实验》《机电一体化技术实训》等教学任务，如图4-12所示。通过该实训室的实验（实训），学生会根据控制要求进行常用气动元件的选型；会根据控制要求设计气动回路和控制电路；会根据控制要求编写PLC程序；会安装、调试与检修气动控制系统。

主要设备、仪器：透明液（气）压实训台。

主要实训项目：单作用气缸的换向回路、双作用气缸的换向回路、单作用气缸的速度调节回路、双缸顺序动作回路、逻辑阀的运用回路。

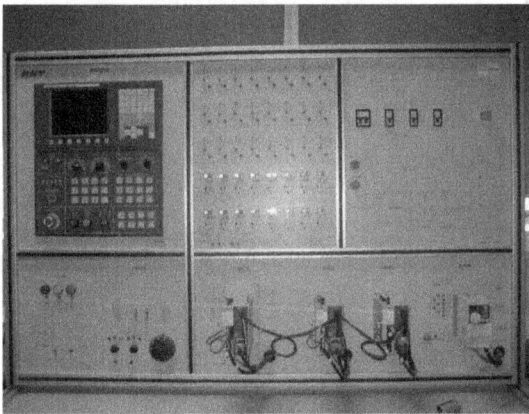

图4-13　数控机床维修实训室

（13）数控机床维修实训室。数控机床维修实训室可满足《数控机床电气控制》等课程的教学，如图4-13所示。为方便学生了解各部分的具体构成，通过三维工作台来模拟数控铣床的运动。三维工作台采用滚珠丝杠传动，精密准确，并有主轴电动机运动等数控机床机械部分机构。学生通过学习，可以掌握数控机床的组成，数控系统的使用与维护，数控机床常见故障的分析与处理。

主要设备、仪器：数控机床维修实训台。

主要实训项目：数控机床机械结构实验、数控系统的编程与操作、进给伺服系统的调试与检修、主轴控制系统的调试与检修、数控机床参数的设置等。

（14）AutoCAD实训室。AutoCAD实训室是满足《工程制图》课程教学而筹建的实训室，实训室配有AutoCAD、电气制图软件，如图4-14所示。学生通过学习，可以锻炼计算机制图的技能。

主要设备、仪器：计算机、投影仪。

主要实训项目：平面图绘制、平面图出图、立体图绘制、立体图转平面图出图。

（15）大学生创新实训室。大学生创新实训室是为学生进行科技创新活动而筹建的，实训室设备配置功能齐全，可靠性高，技术先进，有利于学生工程实践能力和学生科技创新能力的培养；该实训室可为学生参加各种电子竞赛、"挑战杯"大赛、科技节、学生课程设计、毕业设计等提供学习、培训、和实施的相关设备仪器和场地，如图4-15所示。

主要设备、仪器：电子元件器、电烙铁、万用表、单片机开发机、编程器、机器人散件一批、步机电动机、伺服电动机、PLC及特殊功能模块等。

图4-14　AutoCAD实训室

图4-15　大学生创新实训室

二、校外专业见习

为给学生提供真实的工作环境，实现学习和就业零距离接轨，结合顶岗实习，在建好校内实践基地的同时，积极拓展校外实践基地，加强学生校外见习。充分利用社会资源，与各行业企业建立良好的协作关系。校外实践基地是校内实践基地的补充，它的作用是校内基地无法替代的。校外实践基地与校内实践基地互为依托、缺一不可。

校外实践基地一般设在正常运转的企业，以一系列考勤、考核、安全、保密等规章制度及员工日常行业规范来真实地约束学生，使学生在实训期间养成良好的职业习惯、职业道德。校外实践基地是实现校企合作、产学结合，培养学生实践能力、创新能力的有效模式，是区别于普通高等教育的显著特点。

1. 校外参观内容及要求

（1）参观内容。通过企业车间现场参观、与企业技术人员的交流，同时邀请企业老师进行产品介绍、产生流程讲解等，使学生对以下几个方面有一定认识：

①了解企业的发展概况，实际生产情况；

②了解纺织企业的生产工艺流程及设备配置情况；

③了解企业对机电类专业人才的需求和对专业知识的要求；

④了解企业管理的各项规章制度；

⑤了解企业对机电类专业人才的素质需求；

⑥明确本专业的教学目标。

（2）参观要求。为了确保参观效果及教学安全，要求学生参观时做到以下几点：

①严格要求自己，服从指导老师安排，尊重师傅，积极主动向师傅请教；

②在参观过程中，未经许可不要触碰企业相关设备；

③自觉遵守实习单位的劳动纪律和企业规章制度，维护正常的生产秩序，爱护公物，如有损坏、遗失，按实习单位有关规定处理；

④自觉跟随参观队伍，如有特殊原因应向带队老师说明后方可自由行动；

⑤集体出行，组长带队，遵守交通法规，确保交通安全；

⑥认真做好参观记录及个人心得，参观结束后提交企业参观总结报告。

2. 校外参观的准备工作

校外实训基地承担学生的专业综合实训、企业跟班实习、企业顶岗实习等教学环节，同时学院还聘请企业一线技术人员参与课程教学。专业认知阶段，应根据专业的不同，选择其中的至少两家企业，作为新生校外参观的对象。

校外参观的企业确定后，校方应与企业进行沟通，确定企业内部的参观路线，尽量满足学生需要参观的内容，最大限度地减小学生参观时对企业产生的影响，最大限度地保证学生的安全。

企业应安排人员对企业的概况进行介绍，并安排技术人员对产品的功能、使用场合、生产工艺、技术原理等进行讲解。对技术方面的讲解，应浅显易懂，适合新生对专业还没有任何认识的实际情况。

3. 自动化生产线介绍

校内实训室和企业参观的目的，是让大一新生对学习环境、机电一体化技术、企业环境、企业产品、企业生产现场有一个初步的认识。因而，在选择参观对象时，应该选择机电一体化技术具有行业代表性的实训室和企业，其产品是行业的典型产品，其技术含量高、生产工艺先进，且企业管理规范。

学生在老师的指导下进行参观。老师需结合实际，尽可能地从专业的角度引导学生去看、去想、去问、去思考。

自动化生产线是机电一体化技术的典型产品。了解自动化生产线，有利于学生的专业见习。

20世纪20年代，随着汽车、滚动轴承、小型电动机和缝纫机等工业发展，机械制造中开始出现自动生产线，最早出现的是组合机床自动线。在20世纪20年代之前，首先是在汽车工业中出现了流水生产线和半自动生产线，随后发展成为自动线。第二次世界大战后，在工业发达国家的机械制造业中，自动线的数目急剧增加。

自动生产线是在无人干预的情况下按规定的程序或指令自动进行操作或控制的过程，其目标是"稳，准，快"。自动化技术广泛应用于工业、农业、军事、科学研究、交通运输、商业、医疗、服务和家庭等方面。采用自动生产线不仅可以把人从繁重的体力劳动、部分脑力劳动以及恶劣、危险的工作环境中解放出来，而且能扩展人的器官功能，极大地提高劳动生产率，增强人类认识世界和改造世界的能力。

自动化生产线是机电一体化技术的典型应用，是现代工业的生命线，机械制造、电子信息、石油化工、轻工纺织、食品制药、汽车生产以及军工等现代化工业的发展都离不开自动化生产线的主动和支撑作用。

（1）自动化生产线的概念。自动化生产线是在流水线和自动化专机的功能基础上逐渐发展形成的自动工作的机电一体化的装置系统。通过自动化输送和其他辅助装置，按照特定的生产流程，将各种自动化专机连接成一体，并通过气动、液压、电动机、传感器和电气控制系统使各部分的动作联系起来，使整个系统按照规定的程序自动地工作，连续、稳定生产出符合技术要求的产品。

采用自动化生产线进行生产的产品应有足够大的产量；产品设计和工艺应先进、稳定、可靠，并在较长时间内保持基本不变。在大批、大量生产中自动线采用统一的控制系统、严格的生产节拍，能提高劳动生产率，稳定和提高产品质量，改善劳动条件，缩减生产占地面积，降低生产成本，缩短生产周期，保证生产均衡性，有显著的经济效益。

机械制造业中切削加工自动线在机械制造业中发展最快、应用最广。主要有：用于加工箱体、壳体、杂类等零件的组合机床自动线；用于加工轴类、盘环类等零件的，由通用、专门化或专用自动机床组成的自动线；旋转体加工自动线；用于加工工序简单小型零件的转子自动线等。另外还有铸造、锻造、冲压、热处理、焊接、切削加工和机械装配等自动线，也有包括不同性质的工序，如毛坯制造、加工、装配、检验和包装等的综合自动线。

（2）自动化生产线的连接。自动线中设备的连接方式有刚性连接和柔性连接两种。在刚性连接自动线中，工序之间没有储料装置，工件的加工和传送过程有严格的节奏性。当某一台设备发生故障而停歇时，会引起全线停工。因此，对刚性连接自动线中各种设备的工作可靠性要求高。

在柔性连接自动线中，各工序（或工段）之间设有储料装置，各工序节拍不必严格一致，某一台设备短暂停歇时，可以由储料装置在一定时间内起调节平衡的作用，因而不会影响其他设备正常工作。综合自动线、装配自动线和较长的组合机床自动线常采用柔性连接。

（3）自动化生产线的组成。自动化生产线通常由控制系统、执行元件、检测装置、传输系统、工艺处理单元、驱动系统等部分组成，其组成及作用如表4-1所示：

表4-1　自动化生产线组成及作用

组成部分	作用
控制系统	对全线进行调度和监控，一般有数控系统、单片机、变频器、PLC、触摸屏等
执行元件	控制机械执行机构运动，如电动机、伺服电动机、电磁铁、油缸、液压电动机、气缸、气压电动机等
检测装置	对输出进行测量并进行比较，一般包括传感器和转换电路
传输系统	根据工艺流程，将物料传送到指定位置进行处理，同时将成品部件运离现场，通常有传输带、换向机构等
工艺处理单元	指生产线上进行的工艺过程，如打孔、装配、喷漆、装料等
驱动系统	按照控制信号的要求，将输入的各种形式的能量转化成机械能，驱动被控制对象，一般指各种电动机、液压或气动伺服机构

（4）自动化生产线的应用。以下为自动化生产线在实际生产中的应用。

①一汽大众拥有世界上最先进的总装自动化生产系统。

其功能是：可实现汽车制造中的高效率、高精度、低能耗的装配，借助于生产线上配备的工业机器人，可实现不同型号的汽车在同一条生产线的装配。汽车总装自动化生产系统见图4-16。

该生产线充分应用工控机、变频器、人机界面、PLC、机器人等自动化产品，通过采用先进的计算机技术、控制技术、自动化技术、信息技术，将工厂自动化设备进行集成，对全过程实施控制、调度和监控。

图4-16　汽车总装自动化生产系统

②制药生产线。某制药厂拥有的自动化生产线（图4-17），可以实现自动送料、灌装、计数、封口、检测、打标、包装、码垛等多个生产过程。其特点是：大大提高了生产效率，降低企业成本，保证产品的质量，实现集约化大规模生产的要求，增强企业的竞争力。

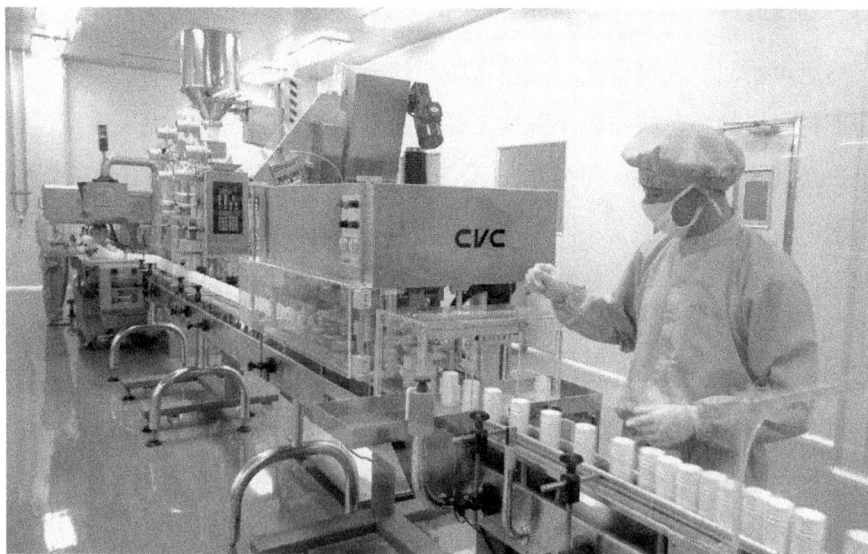

图4-17 制药自动化生产系统

③网络型模块式柔性自动化生产线实训系统。柔性自动化生产线实训系统是为提高学生的动手能力和实践技能而设计的。

该装置由五个各自独立而又紧密相连的单元和一套监控单元组成，如图4-18所示。这五个单元分别为供料、加工、装配、分拣、输送单元。适用的工件为两种，一种为Φ32mm的白色塑料件，另一种为Φ32mm的黑色塑料件。

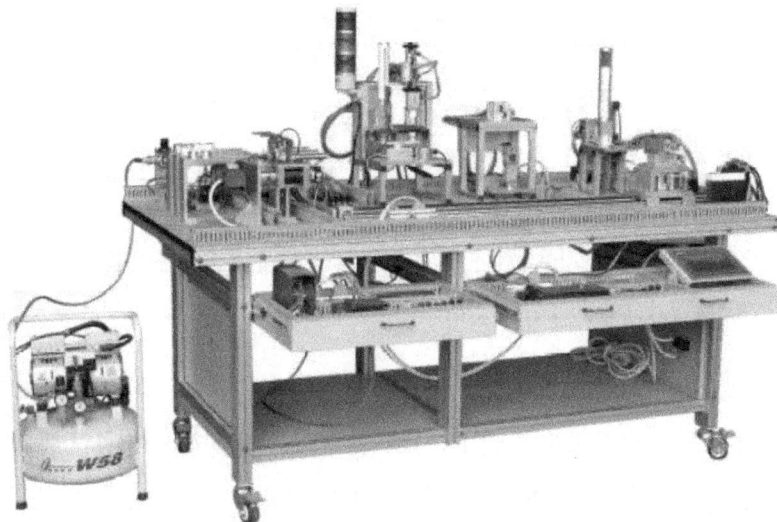

图4-18 自动化生产线实训系统

上述柔性自动化生产线实训系统的工作过程如下：

①工件垂直叠放在料仓中，在需要时把最下层工件推到物料台上。

②由输送单元（下一单元）的抓取机械手送来的工件放在冲压机构下面，完成一次冲压加工动作，然后再送回到物料台上，待输送单元的抓取机械手装置取出。

③将单元料仓内的黑色或白色小圆柱工件嵌入已加工的工件中，完成装配过程。

④将上一单元送来的已加工并装配的工件进行分拣，使黑色和白色的工件从不同的料槽分别输送出来。

⑤抓取工件，把抓取到的工件输送到指定地点后放下。

这些单元可以单独进行自身模块的功能运行。此时的主令信号和运行过程中的状态显示信号，来源于该工作单元操作面板，各模块在自身PLC的控制之下完成本站的执行任务。

各工作单元之间的信息通过网络进行数据通信和交换，使各单元之间能协调工作，实现自动化生产线整机稳定、有序的运行。生产线中的主令信号通过触摸屏给出，同时，人机界面上也实时显示系统运行的各种状态信息。

该柔性自动化生产线各系统采用了气动驱动、变频器驱动和步进电动机位置控制等技术、机械技术（机械传动、机械连接等）、传感器应用技术、PLC控制和组网、伺服电动机位置控制和变频器技术等。每个工作单元都具有自动化专机的基本功能，学习掌握每一工作单元的基本功能，将为进一步学习整条自动化生产线的联网通信控制技术和整机配合协调运行打下基础。同时，可以按照实际生产现场的工作过程，选用某几个单元进行组合配置，模拟生产现场。

各工作单元的作用和组成如表4-2所示。

表4-2 各工作单元的作用和组成

序号	单元	作用
1	供料单元	把井式料仓中自动推出，送到下一个工作单元
2	加工单元	对物料台上的工件进行冲压加工
3	装配单元	将该单元料仓内的黑色或白色小圆柱工件嵌入已加工的工件
4	分拣单元	将装配后的工件进行分拣，使黑色和白色的工件分开
5	输送单元	将工件放至指定地点

各单元的工作过程如下：

①供料单元。工件垂直叠放在料仓中，推料缸处于料仓的底层并且其活塞杆可从料仓的底部通过，夹紧气缸则与次下层工件处于同一水平位置。在需要将工件推到物料台上时，首先使夹紧气缸的活塞杆推出，压住次下层工件；然后使推料气缸活塞杆推出，从而把最下层工件推到物料台上。在推料气缸返回并从料仓底部抽出后，再使夹紧气缸返回，松开次下层工件，料仓中的工件在重力的作用下，就自动向下移动一个工件，为下一次推出工件做好准备。供料单元的设备情况如图4-19所示。

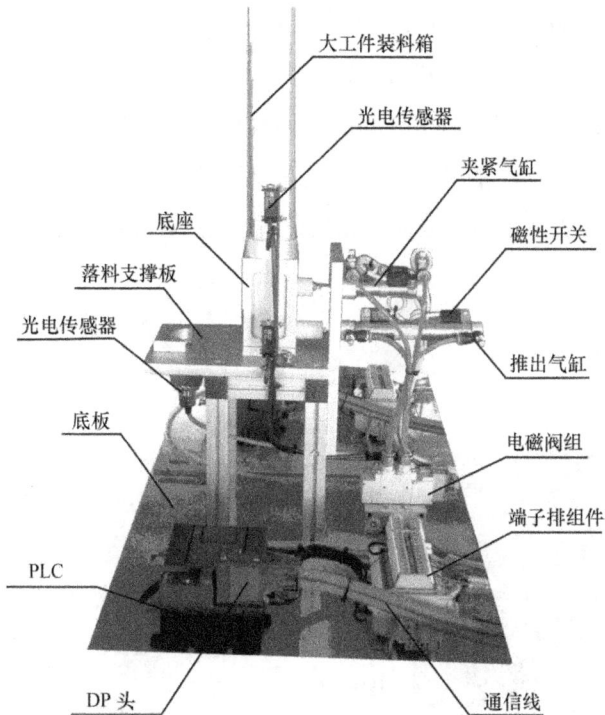

图4-19 供料单元

②加工单元。滑动物料台在系统正常工作后的初始状态为伸缩气缸伸出，物料台气动手爪张开的状态，当输送机构把物料送到料台上，物料检测传感器检测到工件后，PLC控制程序驱动气动手指将工件夹紧→物料台回到加工区域冲压气缸下方→冲压气缸活塞杆向下伸出冲压工件→完成冲压动作后向上缩回→物料台重新伸出→到位后气动手指松开的顺序完成工件加工工序，并向系统发出加工完成信号。为下一次工件到来加工做准备。加工单元的设备情况如图4-20所示。

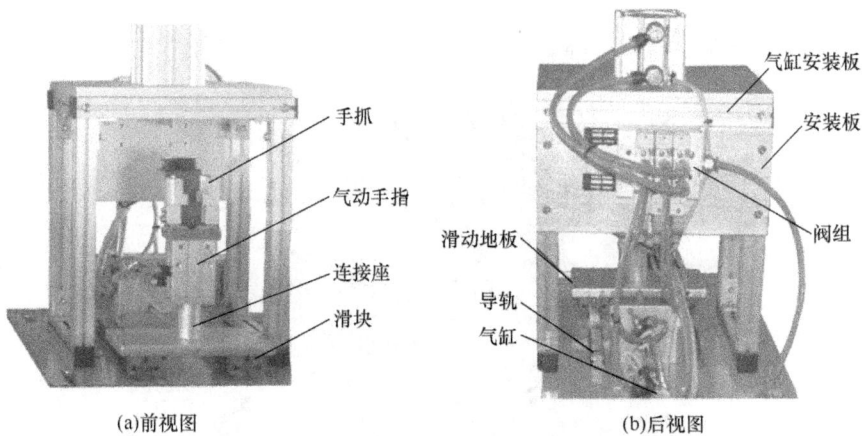

(a)前视图   (b)后视图

图4-20 加工单元

③装配单元。带导杆气缸驱动气动手指竖直向下移动，到位后，气动手指夹紧物料，并将夹紧信号通过磁性开关传送给PLC。竖直移动气缸复位，物料被气动手指提起，当回转物料台的料盘提升到最高位后，活塞杆伸出，移动到气缸前端位置后，竖直移动气缸再次下移，移动到最下端位置，气动手指松开。经过一定的延时时间后，竖直移动气缸和水平移动气缸缩回，机械手恢复初始状态。装配单元的设备情况如图4-21所示。

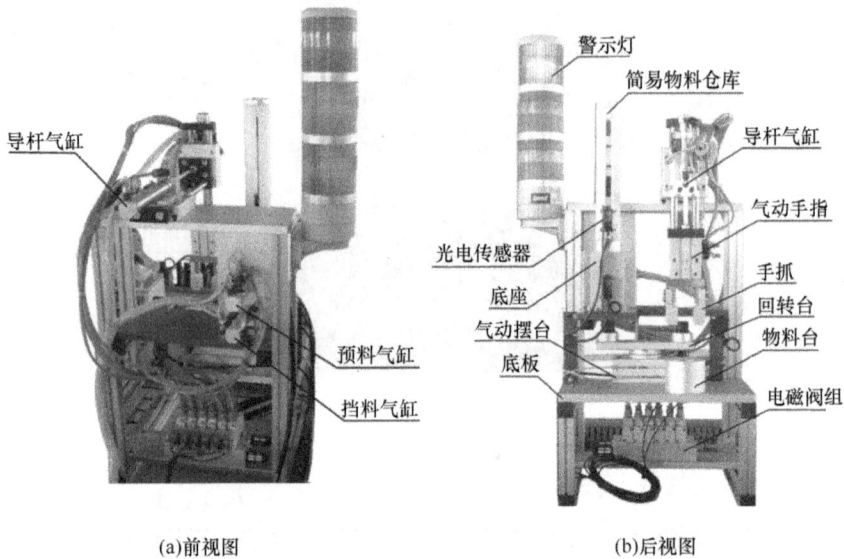

(a)前视图　　　　　　　　　　　　(b)后视图

图4-21　装配单元

④分拣单元。当输送站送来工件放到传送带上并被入料口的传感器检测到时，传送带工作，把工件带进分拣区。如果工件为白色，则检测白色物料的传感器信号启动缸气，将白色料推到1号槽里，如果工件为黑色，检测黑色的传感器信号启动缸气，将黑色料推到2号槽里，自动生产线的加工结束。分拣单元的设备情况如图4-22所示。

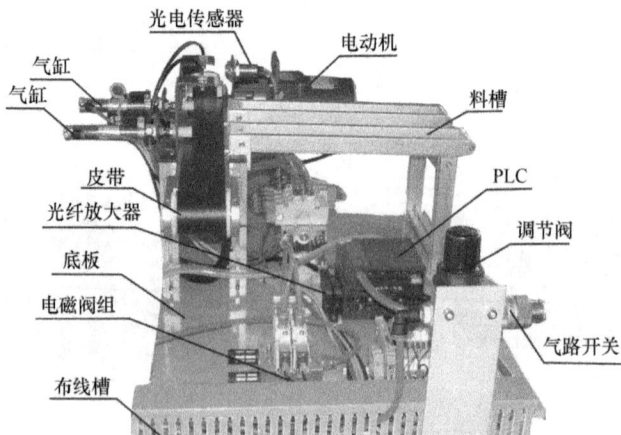

图4-22　分拣单元

⑤输送单元。该单元通过到指定单元的物料台精确定位，并在该物料台上抓取工件，把抓取到的工件输送到指定地点后放下。抓取机械手装置是一个能实现四自由度运动（即升降、伸缩、气动手指夹紧/松开和沿垂直轴旋转的四维运动）的工作单元。该装置在步进电动机带动下整体作直线往复运动，定位到其他各工作单元的物料台，然后完成抓取和放下工件的功能。输送单元的设备情况如图4-23所示。

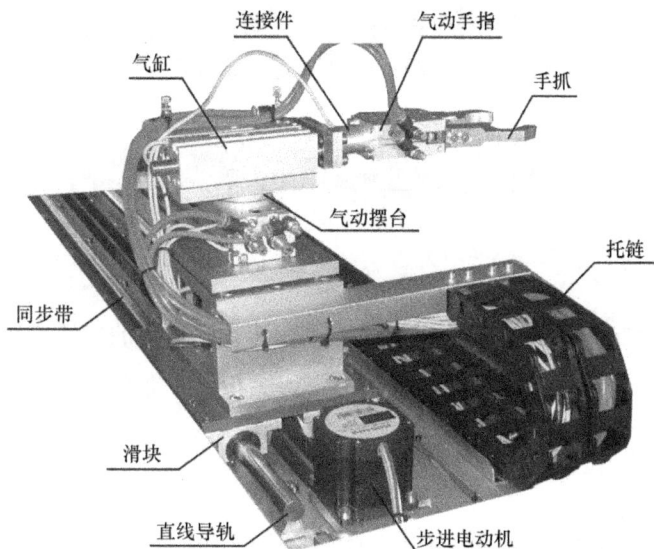

图4-23 输送单元

☞ **思考题**

1. 校内实践基地的主要功能是什么？

2. 你所学习的专业有哪些校内实训室？

3. 你所学习的专业有哪些校外实训室？

4. 通过参观校内实验实训室，列出你印象深刻的实验实训室。

5. 撰写校外实践基地参观心得体会。

专题五　职业规划

机电一体化技术专业是随着科学技术的发展和计算机技术的广泛应用而开设的一个新专业。我国各高职院校这一专业的开办，已培养了一大批德才兼备的适应市场要求的且具有较高素质的人才。

一、学业生涯规划

学业生涯规划包括：自我认识定位、学业目标定位、学业计划执行。要使学业生涯规划有利于自身的学习和发展，需要在明确社会需求的基础上进行。有目标，才有努力的方向。学期伊始，选定一个符合自身能力的合适定位，积小步为大步。将学业计划具体化，在不同的时间节点定下侧重各不相同的计划，使得学业可以有条不紊地进行。同时结合新能源的发展趋势，在理论学习与实践锻炼两方面，合理安排时间，相互促进。

1. 社会对职业的要求

进入21世纪后，随着社会的发展和经济全球化，对这一学科人才的综合素质提出了更高的要求。为了培养出更多优秀的人才，有学者结合教学实践，对机电一体化技术专业人才应具备的综合素质和科技业务素质要求进行了研究，主要包括：思想品德素质、心理与身体素质、文化人格修养素质和科技业务素质。素质培养是一个人成才的基础，只有具备了良好的素质才能成为国家和社会的栋梁之才。以下为这项研究的几个结果：

（1）企业技术专家和高级管理人员的观点。企业的厂长、经理、高级工程师和生产、技术管理人员认为，不同年代的大学毕业生，他们的成才过程，都与思想品德素质、心理、身体素质、文化人格修养、科技业务素质相关。

不同时代毕业的专家、不同工作环境的专家在分析上述四项素质对成才的影响时，认为其对成才的影响程度是不同的。但是，他们都认为只有德才兼备，才能成为真正对社会有用的人才。

（2）用人单位对该专业人才素质的要求。在人才招聘会上，通过对近百家用人单位进行随机问卷调查，统计结果如表5-1所示。

表5-1　用人单位对该专业人才素质的要求

项目	思想品德素质	身心体质素质	文化人格素质	科技业务素质
第一选择	75%	5%	5%	15%
第二选择	20%	45%	5%	30%
第三选择	5%	20%	40%	35%

一般情况下，大学毕业后，需要在生产实践中经过几年的锻炼，才能成为有用之才。用人单位一般愿意招聘有发展潜力的可造之才，他们最看中的是思想品德素质，其次是良好的心理身体素质，然后才是科技业务素质，当然也希望有较高的文化人格修养。

（3）普通高校在校生对素质培养的要求。目前，普通高校在校生十分注重全面发展和综合素质的培养。对机电专业应届毕业生的问卷调查结果如表5-2所示。

表5-2　高校在校学生对素质培养的要求

项目	思想品德素质	身心体质素质	文化人格素质	科技业务素质
第一选择	32.5%	17.5%	32.5%	17.5%
第二选择	17.5%	25%	25%	32.5%
第三选择	20%	35%	20%	25%

调查结果表明，当代大学生更注重思想品德修养和文化人格修养的培养。

（4）未来人才观。随着经济全球化和我国国有企业的体制改制、生产结构的调整，用人单位将以国际性人才价格、理念和评价标准来招聘和选拔人才，这是时代赋予当代大学生新的机遇，同时，也给当代大学生提出了挑战。国际跨国公司IBM的总裁在中国招聘和选拔人才时提出人才的四点要求是：自豪感、创新、灵活性和高绩效文化；微软公司青睐的三种人是有激情的人、聪明的人和努力工作的人；西门子公司注重学生的诚实与守信。从中不难看出，他们的用人观与普通高校正实施的全面素质教育、以创新精神和实践能力为培养重点、重视发展学生的个性与特长的教育理念相一致。机电专业的学生在综合素质的自我培养中应注重全面特色的发展，以适应社会竞争，从而成就一番事业。

2. 学业生涯规划的目的

学业生涯规划就是对自己生活的一种规划，从而设定出自己的人生发展趋势。生涯规划是人生一件大事，决定一个人的未来。每一个人只有有了明确的目标，才会努力奋斗，并积极创造条件去实现目标。生涯设计是为了监督自己在大学期间的表现，做自己的管理者，管理好自己的目标、时间、行为、心理、生活、人际关系等。

从入学起，就思考自己的人生目标，思考个人所学专业未来的发展，需要掌握哪些知识和能力，掌握这门知识，能到哪些工作岗位去。真正了解自己，认清自身个性、兴趣和能力等优劣因素而趋利避害，并且在进一步衡量内在与外在环境的优势、限制的基础上，设计出合理且可行的职业规划发展目标，把实现个人目标与学院的培养目标相结合。清楚自己职业发展面临的优势与劣势，清楚地知道自己喜欢和不喜欢的职业，确立自己的目标，并为之不断地挑战自我、超越自我，不断挖掘自己的潜力，切实提高自己的综合素质，为将来走入社会做好准备。

3. 学业生涯规划的方法

大学生学业生涯规划分以下几个步骤：

第一步：了解院校情况。新生入学后，应该了解所在学院的历史、学院特色等学院情况。同时，需要了解专业内涵、专业课程体系、教学条件等所学专业情况。另外，还要了解自己所在系、班级等情况。

第二步：学习大学生涯设计的基本理论方法和设计技巧。

第三步：自我评估。大学生需要对自己的能力、兴趣爱好和潜力做一个较为合理和全面的评估，不好高骛远，也不自暴自弃，更不随大流。

自我评估是解决"我能干什么"的问题。首先找出自己与众不同或最擅长的地方。其次要发现自己存在的问题，深入了解自己的性格弱点；知晓自己的经验与经历中所欠缺的方面。还要对社会需求、选择的组织以及人际关系进行分析。

第四步：确定大学生涯目标。在对自己的认识比较客观的基础上，对自己的学习生涯目标做恰当的设计，即经过自己的努力是可以达到的。要明确自己该选择什么职业方向，即解决"我选择干什么"的问题，这是个人职业规划的核心。

第五步：制订方案。个人学习生涯确定后，还需要有具体的学习方案，即学习计划，使目标落到实处。这个学习计划包括三年中每学期的计划目标、行为计划与措施等。

第六步：写出材料。个人大学生涯报告、个人大学生涯表。

计划目标要制订出自我学习的具体内容、方式、时间安排，尽量落于实处便于操作。

4. 学业生涯目标

大学三年生活中，学习是第一位的，其他活动要有助于学业的完成。大学本科是更高层次的学历，可以把专升本或成人高考当作自己近期最主要的目标；高技能的动手能力在当今社会里也受到高度尊重，深受社会的欢迎，所以，也可以把技术能手作为自己的努力方向。为了给自己积累资本，多取得各种证书也是必要的，比如英语四级、国家计算机二级、各种专业证书等。

以下是几个方面的学习目标和学习计划与措施。

①学好外语。具体目标可以定位大学二年级第一学期通过英语四级。

保证目标实现的措施是因人而异的，比如每天早、晚听半小时英语，每周末参加一次英语角，每周用英语写一个英语课学习情况总结，如果学校有英语专业，可以参加他们组织的课外活动。

②学好专业课。树立对本专业的认同感，培养对专业有兴趣，借阅同类教材比较研究，去图书馆浏览与专业必修课相关的学术期刊，在听课笔记的一侧写出自己体会心得。对专业课的学习注意知识面的宽度，做好课程中的每一个项目，试图采用不同的解决方案，充分利用业余时间广泛涉猎自己感兴趣的知识。

具体目标可定为专业必修课闭卷考试成绩达到优秀，考查课成绩良好以上。从大学二年级开始，每学期写出一篇学期论文，每年写出一篇学年论文。

保证目标实现的措施可以如下：采取多种方式和途径学习，每门专业课至少阅读同类教材或专著共3本，每周一次上机在同类院校同专业网站搜集专业课参考资料，每周至少4个半天在图书馆自习，每两周一次和专业课教师探讨学习方法和借阅参考资料，每月总结一次各门功课的学习情况，及时调整学习方法。仔细琢磨自己感兴趣的专业课中的一个具体题目，阅读中注意做笔记资料，多看、多听、多写，把自己的收获体会用文字表达出来，寒暑假写出一篇专业习作论文。

③提高思想道德水平，培养社会实践能力。通过收听广播、上网等途径关心国内外时事新闻，浏览学校网页，关心学校和本院的发展，积极参加集体活动，关心班级集体。同学之间相互帮助，助人为乐。

充分认识到自己在人际交往、交流、沟通、自信心等方面存在的问题，在校期间要学会为人处世，注重人际关系的协调。

在校期间积极参加校园活动、社团活动、社会公益活动，提高自己的综合素质，提高社会交往沟通能力，锻炼自己的团队协作意识与本领，培养自己的组织能力，为将来工作打好基础。加入学生会，并把学生会锻炼当作大学阶段必不可少的一门实践课，提高自己的实际工作水平。

准备发起并组织一个与专业相关的社团组织或者兴趣小组，如"某研习会"，请本系专业教师作为顾问，制订相应的规章制度和活动计划，请德高望重的老教授做报告，约请师兄师姐来讨论，到学校周边搞相关活动，与其他院系师生搞联谊活动。发展会员，大三第一学期初将此社团交接给大一学生管理。

④有益的休闲运动。在学习之余，应注重身体锻炼，有了好的身体才能更好地投入学习。

二、就业准备与职业选择评估

对大学新生而言，专业就业准备看似是一个遥远的话题，其实不然。只有了解了三年以后的就业过程和职业选择的相关知识，才能对照自己的性格、特长与不足，在大学期间，有针对性地克服缺点，发挥特长，为自己的将来奠定良好的基础。

1.合理确立就业期望值

大学生的择业观念虽然在总体上是倾向于务实化与理性化，但由于处于择业观念的转型过程，因此各种不良观念也存在着，并影响了大学生的健康、顺利就业。这些不良观念主要表现在以下几个方面：

（1）只顾眼前利益，忽视职业发展。一些大学生在择业标准中只有工作条件、收入等眼前实在利益，而对自我的职业兴趣、能力、职业的发展前景等因素不作考虑，因而极易选择并不适合自己的职业。

（2）求职一次到位的安稳思想。很多大学生仍然喜欢稳定、清闲、福利好的单位，希望以此就能选定理想的职业，而不愿意选择有风险、有挑战性的职业，更不敢去自己创业。

许多大学毕业生抱着"找到一个稳定的工作，工作一辈子"的心态来择业，结果往往觉得没有一个工作符合自己的心意，错过了一次又一次的机会。这是不正确的择业观念，它会影响大学毕业生择业的成功，使他们承受本不该承受的屡屡挫败以及由此带来的心理上的压力。

（3）职业意义认识不当。许多大学生从观念上来说，还是仅把工作当作一种谋生的手段，没有充分认识到职业对个人发展、社会进步的重要意义。

（4）专业对口认识不足。在求职时，专业对口是学生自己、学校和社会的基本要求。但只要是与自己专业相关的职业就可以了。一味追求紧密相关的职业，只会增加自己的就业难度。

（5）职业标准过于功利化、等级化。一些毕业生过分强调职业的功利价值，甚至还将职业划分为不同等级，而不考虑国家与社会的需要，不愿意到条件比较艰苦的地区和行业里去工作。

确立适当的就业目标，使之与自身所具备的实力相当，要避免理想主义，注意调整自己的就业期望值。一定要树立合理、合情的正确择业观，拟定适合自己的就业目标，根据当下的实际来确立自己的就业期望值，以奠定自己在择业的道路上成功的基础。

因此，大学毕业生一定要善于把握自我，认识自我，有效分析自我的优劣势所在，树立求职就业的自信心，坚信"天生我材必有用"，并且经常对自己进行积极的心理暗示，相信自己选定了就一定行。

每个毕业生都要对自己的能力有正确客观的认识，扬长避短，发挥自身优势，这是毕业生成功择业的一把钥匙。清楚地认识自我，有效的分析自我是与自信心分不开的，这两者对于毕业生而言都是要格外重视的。同时毕业生要付出的就是应当一直具备一种不断完善自我的意识，注重全面提高各方面的素质，形成心理上的满足感与依靠感，这是自信心的来源，也是应对就业挑战的最根本途径。

毕业生在就业后应当保持良好的心态，要以平常心面对人生的重大抉择，遇到现实问题时，学会积极地调整自己的心理，适度的宣泄自己的不良情绪，培养理性看待事物的眼光，保持充分的理智。调整心理、释放情绪最基本的方法就是要允许你自己体验情感，允许自己愤怒、害怕、兴奋。压抑会使自己不快乐，甚至消沉，抑制的东西被强烈的制约着，会使人变得呆板、具有惯性了。这对于处于就业期的大学毕业生很有启示，当求职中遇到了挫折，积聚了许多不良情绪的时候，释放就变得十分必需。每个人都可以寻找一种或几种适合自己的减压方式，使自己的心态迅速恢复到正常的状态，以应对下一轮的挑战。

应重视培养学生良好的竞争意识，敢于竞争才能做一个真正的强者。

竞争意识的培养在于坚持以下几点：不要轻易示弱和言败；进取不止，锲而不舍；从小事做起，一步一个脚印。

相信毕业生只要坚持这样做，一定会有所获益，也一定会在求职竞争中获得意想不到的收获。

随着就业形势日益严峻，如何引导高校毕业生选择正确的择业道路，顺利实现就业，是社会各界普遍关心的问题。要解决这一问题涉及若干环节，其中，引导大学生树立正确的人生观、价值观，树立行行建功、行行立业的观念，合理调整就业期望值，是不可或缺的重要一环。对准备求职的大学生提出以下五个忠告。

忠告1：求职主要靠自己的实力不靠关系。

有些大学生求职往往喜欢走捷径，千方百计、挖空心思地寻找、疏通各种关系，找门路，托人情，八仙过海，各显神通，都希望靠关系找到一份理想的工作。这是一种误区。靠关系求职既浪费时间和精力，花费较多的钱财，还容易对社会风气产生不好的影响，甚至产生腐败，影响正常的求职择业秩序。清代郑板桥临死前告诫儿子：流自己的汗，吃自己的饭，靠天靠地靠父母，不是好汉。因此，在求职中，拥有一定实力和就业竞争能力，是就业的决定性因素。

忠告2：求职靠能力不靠机遇。

现在有些大学生求职时，总是抱着侥幸或者投机心理，把求职的希望完全寄托在机遇上。俗话说得好：有能力走遍天下，无能力寸步难行。现在，社会已由以往的学历时代逐渐过渡到能力时代，只要拥有真才实学，再加上不怕吃苦的实干精神、创新精神和创业意识，主动向用人单位推销自己，就不怕找不到一份属于自己的工作。

忠告3：求职要靠自己不靠别人。

求职就如同爬山，如果别人给你一根拐棍，那样将使你节省不少力气，但是总得靠自己的双腿往山顶攀登，因为别人不可能把你抬到山顶。如果过分依赖别人，就会受制于人，自己失去求职的主动权。求职是人生的一件大事，在很大程度上要靠自己到社会上去闯，靠个人的主观能动性去寻找和发现就业的机遇和岗位，在社会上确立自己的立足点。

忠告4：求职要靠本领不靠本本。

现在用人单位招聘人才主要是看你是否有真才实学，是否有实干精神，是否能为本单位创造可观的经济效益。而有些大学生却忽视知识的积累和个人能力的培养，热衷于参加各种职业和专业资格考试，以取得尽可能多的资格证书。当然，如果你拥有这些证书，对于你的求职无疑是会有帮助的，但是有证书不等于有能力，本本不等于本领。

忠告5：求职要务实不要好高骛远。

有些大学毕业生对自己能力和人才市场价值的评价过高，对待遇报酬要求偏高，有的对工作岗位挑来挑去，总是这山看着那山高，从而导致很有希望到手的不错的工作岗位，与自己失之交臂；有的不顾个人的客观现实，盲目与人攀比；也有的怕苦怕累，缺乏基层意识，总想进入大学、科研机构、国家政府机关、大型国有企业、待遇和条件好的外资企业，高不成低不就，从而使得自己迟迟"嫁"不出去，造成个人和家长沉重的心理负担。

在大学不断扩招、高等教育由精英教育向大众教育转化、大学生就业形势不容乐观的今天，每个大学生必须要正确评价自己的才能，转变过分理想化的就业观念，从个人的实际出发，不失时机地抓住就业机会，当决则决，当断则断，不要犹豫彷徨。

2. 求职过程

大学生就业是大学生职场生涯的起航，对应聘过程的了解和熟悉至关重要，目前应届大学生的招聘流程可以大致分为以下几个环节：简历制作投递、笔试、面试、签约沟通、签约，如图5-1所示。

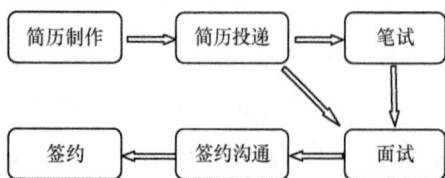

图5-1　求职过程

（1）简历制作。简历的制作是整个招聘过程的开始，求职者的个人信息都将在此体现。用人单位将根据简历的情况进行筛选，确定接下来的笔试，面试环节。可以说，一份好的简历就是最好的名片和叩开企业大门的敲门砖。个人简历应该包括的内容有：个人基本信息、求职意向、个人技能、能力证书、爱好特长等。一份好的简历，不但要求体现求职者的能力特点，样式排版也要尽可能美观。好的排版不但可以给人赏心悦目的感受，更能反映求职者的细心和审美感。简历要尽可能控制在两页，冗长的简历会让人产生审美疲劳，将直接影响求职者能否进入下一个环节。

（2）简历投递。根据投递的方式不同，简历投递可以分为现场投递和网上投递。

①网上投递。随着信息时代的到来，越来越多的公司选择网上投递的形势，不但大大节省了资源，而且提高了工作效率。用人单位通过信息终端，就可以查阅求职者的基本信息，并作出相应的回应。求职者必须根据这个特点，在填写相关的电子简历时，把个人基本信息填写完整，并尽可能地突出自己的工作经验（很多用人单位非常看重用人经验，并有项目开发经验一栏）。

比如今年来我校招聘的富士康、纬创等公司，在来校之前一个月，相关的网上投递工作已经开始，很多同学在公司还没来到学校的时候已经早早地接到了公司的面试通知，并在最后成功签约。笔者推荐的求职网站有：中华英才网、前程无忧网及各地人才市场的网站等。

因此，网投简历应遵循以下的原则：宁滥毋缺，四处撒网，重点捕捞，密切关注。机会只会等待那些有准备的人。

②现场投递。现场投递简历是目前大学生求职者找到工作的主要方式之一。求职者参加宣讲会的时候，一般要带齐的材料有，个人简历、毕业生推荐表、成绩单、相关荣誉证书等。其中个人简历是必须要交给用人单位的，其他的视具体情况而定。现场投递的环节，用人单位一般会对求职者进行简单的小面试，一般会要求求职者做简单的自我介绍，并当场查验简历、成绩单及相关证书，最后对简历做出筛选，确定下一轮考核的名单。现场投递的环节中需要注意的问题有：递交简历时的相关礼仪。必要的问候用语，以及不能单手递交简历等；递交简历时尽可能与用人单位有个简单的交流，给用人单位留下一个好的印象；尽可能保持脸上的微笑，微笑是最好的名片。

现场投递的环节，落选的人数往往是多数的。有些各方面都比较优秀的同学刚开始参加招聘宣讲会的时候，屡屡受挫。除了简历制作方面的原因之外，现场的表现不好，也直接导致了出师不利。所以，这个开始，要求我们慎之又慎。

（3）笔试。笔试是很多单位都采用的环节，特别是大公司，在这个阶段将近能淘汰总人数的50%，淘汰率相当惊人，不得不引起广大求职者的重视。笔试主要分为专业笔试和综合能力测试，根据岗位的不同，将会有不同的区别。通常来说，技术研发类侧重的是专业知识和基本理论知识的考核，销售管理类的职位一般进行的是综合能力的考察。笔试的淘汰率也很高，基本上可以把参加笔试的一半刷下。因此，笔试更应该引起重视，未雨绸缪，做好相关准备，考起来才能得心应手。

另外，希望大家加强英语的学习，大公司在综合能力测试的时候，都加入了英文阅读能力的考察。总体来说，综合测试部分讲究的是答题的速度和准确率，把握好了关键，才能做到有的放矢。

（4）面试。面试是整个应聘过程中最为关键的一个环节，也是最惊心动魄的一个环节。求职者在面试过程中的表现将直接决定能否被公司录用，很多求职者往往因为一些细小的方面没有处理好，导致功败垂成。因此，在面试的时候要慎之又慎，把握好一个度，该表达的说，不该表达的千万别乱说。很多时候，夸夸其谈并不是一件好事情。同时，面试的激烈强度也是最大的，求职者至少要面对一轮的面试（更有甚者会达到五轮），一个良好的心态和自我调适非常重要。

3. 就职前的准备工作

（1）准备角色转换。意识到自身身份由大学生转变为一个现实的社会求职者，要摆正自己的位置，客观、冷静地进入求职状态。认识社会，了解社会，以自身的实力，积极主动地去适应社会的需要，在选择社会职业的同时，也接受社会的选择，正确地迈出人生这关键的一步。

（2）摆正择业定位。坚定美好未来的同时，充分认识到当前严峻的就业形势，面对现实，认识企业，树立就业的信心，摆正位置，转变就业观念，树立"先就业、后择业"的就业观念，正确地定位就业目标和目的。做到谦虚谨慎；拒绝借口，有责任应该主动来承担；全心投入，把工作当事业来对待。

（3）了解可选岗位。高职教育是服务地方经济建设需要的。每个学校所处的地理位置不同、地区经济特色不同，则专业人才培养目标就不同。一般而言，机电一体化类专业培养具有设备安装、调试、维护、故障检测、技术服务等方面的人才，是具备理论与实践两方面能力的高级技能型人才。毕业生就业初期可胜任设备维护技术员、检验员、采购员、工艺设计员、品质管理员、技术服务、销售等岗位，3~5年后可胜任生产主管、设备主管、技术主管、品质主管等岗位，10年后可胜任相关企业的生产部长、生产厂长等岗位。

（4）制作自荐材料。自荐信是求职者寻找工作的一块敲门砖，也是求职者与用人单位交流、沟通的形式。如何让毕业生的才能、潜力在有限的空间里闪耀出夺目的光彩，在瞬间吸引住用人单位挑剔的眼光，自荐信极其关键。应注意文笔文明礼貌，诚朴雅致，特别要注意突出自己的才艺与专长的个体特征，注意展现在学校期间的锻炼经验和取得的表彰。

接到任用信函后应该立刻打电话或者亲自拜访你的新主管，请他立刻指点你该读哪些跟工作相关的书籍、资料。这些资料与你准备面试时读过的可能大不相同。如销售报表、组织架构图、盈亏表、企划书、公司的技术资料以及公司政策与作业程序手册等，将有助于你获取必要的了解，进而激发你的新责任感。如果可能的话，不妨请求你的主管介绍你给即将共事的同事认识，如此，你就可以在正式上班前与他们讨论一些问题。

刚开始上班的初期，可以做好以下几点，从而更快的帮助你融入新的环境：

①牢记人名。尽可能在一个人独处时，随时记下你所遇到的人的姓名和头衔。下回你再遇到他们时，直接叫出他们的名字不但能够取悦对方，还有助于你建立良好的人际关系。注意听别人怎么称呼他人。例如，同事们是否彼此只叫名字？称呼主管时要不要冠上职称？

②学习公司的文化。每一家公司都有它独特鲜明的特征。每一家公司自有它的一套价值制度、可接受与不可接受的行为模式、奖惩办法、好恶、令人崇拜的人物与为人不知的事情。所以在你准备大展才能之前，不能不对公司的文化与性格有所了解。当然，公司也有其负面的方面。不久，你将会听到、看到——无论你喜不喜欢——公司同事的罗曼史、能力平平的秘书、会议室里的尔虞我诈、办公室里的政治以及主管想在中国创作销售金字塔的秘密心愿。诸如此类的背后组织将逐渐在你眼前、耳边出现。建议你不妨接受这些信息，从中学习吸取教训，但是个人不要介入（你也许比较希望以质疑态度来看待这些事情）。如果你能跟公司这些背后信息保持距离，就能够洁身自重，保全个人声誉，当然也能够保住饭碗。

③谨慎行事。不要期待在开始的几星期就击出全垒打。你要眼观四面、耳听八方，有选择性地问问题，并且尽量做一个倾听者。保持亲切有礼的态度总是对的，但是不要在初次与人认识后，就勉强去发展密切的友谊关系。不要轻易向人吐露心事，也别随便坦述内心深处的想法，一般人对这种行为通常会产生负面的反应，继而对你起疑心。而一个对你私人问题知之甚详的主管，虽然内心同情你，却不放心让你多负责任——如此将对你的升迁机会有所影响。

④谨慎说话。《祈祷书》上有一句祷词："让我的口舌远离中伤诽谤的话语。"这句祷告语也非常适用于工作场所。当你还在念大学时，你可以大肆抨击教授、校园的行政人员，可是一进入公司，若对你的主管口出恶言，可能会让你的事业毁于一旦。而议论同事是非也是不好的行为。

⑤和主管建立融洽的关系。试图领会你的主管要的是什么。他喜欢简单明了的说明，还是喜欢长篇大论的解释？他喜欢你巨细无遗地报告所有问题，还是只听重点？他很在乎守时与工作有没有如期完成吗？他是早上比较亲切还是下午？了解主管的"做事模式"和特别嗜好，可使你成为主管心目中的得力助手。

⑥脚踏实地。你对新工作的兴奋与憧憬，可能很快就会被愤怒、厌烦的情绪所替代。这是司空见惯的事情。毕竟，新的工作已经改变了你原来舒适的生活方式。有了工作以后，私

人时间变少了，日常的生活步调也跟着变得难以控制。当你觉得怀才不遇时，也许你正处于缺乏安全感与对自我不肯定的状况。面对这段自我要求高的时期，你对自我本身以及将来应有切合实际的期望。由于是一个新人，你可能被分派给最不好的任务，被要求花更长的时间工作，甚至你领的薪水还很低。实际上，所有的专业领域都会有新人，因而这种情况不能算是要求过分或者不公平。实习的这段期间可训练你快速成长，以此为基础，你将拓展灿烂耀眼的事业生涯。

4. 职业规划测评

职业规划测评简称职业测评，也称职业测试，是职业规划的前提条件。职业规划测评包括性格、职业兴趣、潜能、天赋等测试。

通过职业测试，以清晰了解以下问题：职业问题的症结在哪里？为什么会有这些职业问题，阻碍职业发展的根本原因是什么？优势与潜在的弱点是什么？性格与天赋的特征是什么？

通过以上测试，可以全面深刻地认识自己，清楚自己适合哪些工作环境，喜欢从事哪些类型的工作。

国际心理类型协会（APT International）制订了一套性格测试的使用规范原则（可参考《APTi会员手册》），其中最重要的三条原则是：

（1）被测试者应该总是有机会来核实自己的性格类型测试结果的准确性。

这是唯一最重要的指导原则。任何运用性格类型测评系统的人都应该有足够的能力和时间来帮助所有的被测试者核实自己的性格类型测试结果，包括对被测试者的性格类型测试结果做出详尽的描述，然后交给他（她）来审核测试结果。

（2）一般情况下，被测试者是性格类型描述符合与否最好的判定人。

（3）必须以互动交流的方式（面对面或通过电话）给予被测试者足够的性格类型理论和个体类型测试结果方面的信息。

可靠的职业测试（职业测评）系统，必须遵照以下几个原则：

（1）选择科学可靠的职业测试（职业测评）工具。

现在社会上出现了不少职业测试（职业测评）工具，大部分用的工具是已经被淘汰了的，如卡特尔性格类型、九型人格等，也有一些性格分类不够规范。

目前世界上得到最普遍的使用和公认的性格测试是美国的MBTI性格类型系统。由美国的心理学家Katherine Cook Briggs（1875–1968）和她的心理学家女儿Isabel Briggs Myers根据瑞士著名的心理分析学家Carl G. Jung（荣格）的心理类型理论和她们对于人类性格差异的长期观察和研究而著成。经过了长达50多年的研究和发展，MBTI已经成为了当今全球最为著名和权威的性格测试。主要应用于职业发展、职业咨询、团队建议、婚姻教育等方面，是目前国际上应用较广的人才甄别工具。

（2）因为西方国家和中国的文化、职场环境不同，不能照搬他们的职业测试（职业测评）工具，要选择适合中国文化，已中国化的MBTI测试系统。

（3）无论是哪套测试题，只是通过回答测评软件或书面的测试题来确定性格类型的准确率都不高。职业测试（职业测评）报告往往只有笼统的建议或许多选择，被测试者常常无所适从。所以，测试结果再准，还必须有经验丰富的职业规划师针对每个人不同的具体情况，提出具体的专业选择和职业规划的解决方案，只有这样，职业测试（职业测评）系统才能在实际的专业选择和职业选择中发挥其重要的指导作用。

职业测评是帮助测评者了解自己，给自己进行自我定位的。一个人只有确定了明确的目标，我们才会更加努力更有针对性地去实现它，相反，如果我们没有一个明确的目标，我们的行动很可能会受到别人的干扰。就像很多人做的那样，别人在考计算机二级，我也要考，尽管自己都不知道计算机二级有什么用处，然后搞得自己非常忙，不知道自己到底在忙什么，也不知道自己将来应该干什么。这样下去，自己不仅浪费了时间更没有学到自己应该学的知识，对自己的前途将更加迷茫。所以，一个明确的适合自己的目标是非常重要的，而这个目标的制订并不是说越远大越高尚越好，而是越符合自己越好。如何使得自己制订出来的目标更符合自己的实际情况，那就要在制订这个目标的时候首先定位自己，认识自己。

对于一个职业的确定来说，我们应该从以下三个方面去定位自己。

首先就是职业人格，通过职业人格的测评，你能明确地知道自己是什么样的人格，这种人格具有什么样的特点，而具备这种人格特点的人格适合做什么样的工作，那么你就能从人格的角度去定位自己的职业，当然，仅仅从人格的角度去定位自己的职业是远远不够的。也就是说，虽然你的人格特点适合做这种工作，但是如果你对这个工作不感兴趣或者没有足够的能力去做这份工作的话，那么，你也不能把这份工作做好，你自己也不会感到自我价值的实现。

要做一个完整而系统的职业定位，你还需知道自己的职业兴趣和职业能力，这两个方面也是可以通过测评来进行准确定位的。你喜欢做什么样的工作，你的职业能力侧重于哪个方面。通过这一系列的测评，你就会知道自己的职业人格、职业兴趣和职业能力，而这三方面的职业测评将告诉你，你这种性格特点适合做什么工作，你本人对什么工作比较感兴趣，你能胜任什么工作，通过这三方面的定位将给予你一个清晰准确的职业定位，这样定位出来的职业就是你最感兴趣、最适合你性格特点的，同时也是你能胜任的工作，因此，这样的工作最适合你。

职业测评将帮助你进行准确的职业定位，帮助你做好职业规划，帮助你更好更充分更有效率地利用好大学三年的时光，让你在这三年里明确地知道自己到底应该学什么，应该培养哪方面的能力，这样，你的大学就不会迷茫了。

有许多学生感觉"我对所有的事情都有兴趣"，迷失了职业方向，如果你也有这样的想法，你需要进行职业规划，因为它能帮你对自己感兴趣的职业进行聚焦。也有一些学生觉得"什么工作对我来说都差不多"或者"我好像没有什么拿得出手的技能"，如果你也有这样的想法，你需要进行职业规划，因为这能帮你了解自己潜在的优劣势，结合对特定工作的分析，你可以找到对自己而言什么样的工作是好工作。

世界上没有一无是处的工作，这份工作对你而言，可能是一场噩梦，让你身心疲惫，饱受其累；但对另外一些人而言，可能让他们感觉身心舒畅，如鱼得水；同样，世界上也没有一无是处的性格，你的性格可能让你感觉某些工作令你特别难堪，以至于坐卧不安，但另一些工作会让你犹如神助，乃至随手可就。问题的关键是，找到适合你特点的工作对你而言就是最好的工作。

概括来说，职业规划对自己会有以下帮助：

①更好地理解你自己。通过认识自己的MBTI性格类型和动力特点，了解自己的性格特质，适合的岗位特质，心态等对择业的影响。

②扩宽思路。通过对自己的性格、心态的了解，对适合自己的岗位特质、职业的理解，认识到更多的可能性，从而拓宽自己的思路和择业范围。

③规划职业。根据报告提出的个性特点、适合的岗位特质、适合的职业、发展建议，可以更清晰地规划自己的职业。

④第三方的客观评价。测评报告中对个性、动力的分析，可作为寻找工作时第三方的客观评价，使用人单位更深刻地了解个人的优劣势，更好地达到人岗匹配、人与组织的匹配，也使个人在发展过程中少走弯路。

三、创业策略

创业是每一个年轻学生的梦想，但必须认识到创业的艰辛，做好创业准备。

1. 创业需要激情和充分的准备

如果一个人没有创业激情、没有创业准备，那就不要贸然创业。创业要有激情，不是三分钟的热情，是要真正树立一种创业的志向。那些创业成功者，其实他们在创业之前，都有各种各样的准备，包括知识的积累、能力的培养、关系的获得、创业机会的发掘，参加创业的实践甚至必要的就业锻炼。不提倡所有创业的人，一毕业就直接创业。有的时候先就业一段时间，或者多参加一些创业性的实践，开一家小店做一点小买卖，搞一点市场调查，这些都是一种创业准备，先不要一下子想得那么高，先把准备工作做好，找到一些感觉了再去创业。

2. 创业要善于利用外部资源

在创业初始的时候，如不善于利用外部资源，也不寻找创业的机会，你是很难创业的。今天很多的创业成功者都是利用资源的高手，不管是资本资源还是市场资源或者是技术成果资源，他们都能很好地利用。我们在校的学生，对一些外部资源包括资金、环境、市场、技术、政策等都可以做一些积累，比如与你的老师一起开展科研的时候，积极参与一些研究项目，既是学业上的提高同时也是在吸取一种资源。现在有相当一部分大学生创业，他们的项目已经通过批准，获得了资助，就是利用跟老师一起开展科研结出的成果。

3. 持续融资能力是创业的关键

在创业初始需要资金，在创业过程中更需要资金。就创业投资来说，被称为世界创业投资之父的乔治多里特建立的投资标准，一要具有新技术、新市场、新产品；二要对投资的企业需要拥有一定的管理权；三是团队是比较杰出的，有才干的；四是投资的对象必须是跨过了早期模型阶段，受知识产权保护的、具有关联性或者排他性的；五是未来几年有望成为上市公司；六是投资对象必须是一个不断的价值增值的过程。所以如果我们要提高持续融资能力，就必须按照这些提供资金资源的投资者的要求去做，你才有持续融资的能力。

4. 市场营销是创业的"生死关"

对我们大学生创业来讲，特别要说这个问题。因为刚毕业的大学生接触社会的时间相对比较短，而市场营销需要的是到市场里面摸爬滚打，这不是那么简单的。往往青年人创业，包括大学生创业最薄弱环节就是在市场营销。生产一个产品或开发一个软件，与做推销相比，推销更难。而一个企业要生存、要发展，就一定要突破市场营销这个瓶颈。所以，有志创业的同学一定要下决心，要非常重视市场营销，谁能够获得市场营销的成功，你就会闯过创业的"生死关"。

5. 创业团队是创业成功的保障

今天的创业靠一个人单打独斗是很难成功的，现在讲究团队合作。开始创业时团队成员彼此之间都很好，但是在发展过程中，总会碰到一些困难，这时候大家就开始意见不一，很快就散伙了。所以，创业团队怎样组建，不是拉几个人凑在一起就是一个创业团队、就能获得创业成功的保障，而是需要形成一个非常有力的、有机的、能够互相接受对方的、能力上各有特长的、意志都很坚定的这样一个创业团队。所以，组建好一个创业团队，是获取各项资源很重要的内容，也是创业成功的一个基本保障。

四、职业规划设计

职业规划设计的目的绝不只是协助个人按照自己资历条件找一份工作，达到和实现个人目标，更重要的是帮助个人真正了解自己，为自己订下事业大计，筹划未来，拟订一生的方向，进一步详细估量内、外环境的优势和限制，在"衡外情，量己力"的情形下设计出各自合理且可行的职业规划发展方向。

在做出个人职业的近期和远景规划、职业定位、阶段目标、路径设计、评估与行动方案等一系列计划与行动的基础上，撰写《职业规划设计》，有利于大学生在校期间的学习。

1.职业规划方法

职业规划是指在客观分析个人的性格、资质、人生态度、个人潜能等因素的基础上，结合社会的人才需求期望，采取有效的职业发展策略，选择合适的职业发展道路，一步步攀登事业的阶梯，取得事业上的成功，实现人生价值的过程。

在社会未迈入工业化以前，职业的种类较少，工作内涵也极为简单，通常的职业都是父母传授给子女，或由学徒直接向师傅学习，因此并不会产生择业的种种问题。自产业革命之后，工业科技日渐发达，机器日新月异，而生产过程也日渐复杂，产品的种类及生产量也大量增加。因此，工作世界里的行业种类与职业，更趋于复杂与专业化，例如目前《美国职业分类字典》（*The Dictionary of Occupational Tifles*）已列有三万多种的职业。以如此众多的职业数目及复杂的职业内涵，年轻人凭自己很难洞悉各种职业的内容及分类；而父母、亲友们也难具有专业化的知识，来协助子女选择适当的职业。因此，辅导年轻人择业的责任，就由家庭转移到学校及社会就业辅导机构。对一个年轻人而言，职业选择是否适当，将影响其将来事业的成败、一生的幸福；对社会而言，个人择业之是否适当，能决定社会人力供需是否平衡。如果每个人适才适所，则不仅每个人都有发展的前途，而社会亦会欣欣向荣；相反的，则个人贫困，社会问题丛生。职业的选择，对于一个人及社会都有极重大的关系。因此，政府及教育单位，对于青年人未来职业规划的认识、规划、准备和发展，应极为重视，实施生涯教育。

（1）职业规划认知。

①职业认知及职业导向。从幼儿园或小学开始到初中是属于这个阶段，其主要工作是使学生对自己的能力、兴趣有所了解；同时开始认识工作对个人的重要性，开始认识各种行业，以做好将来选择职业的准备。

②职业试探。初中阶段的后期和高中阶段的初期都是职业试探时期。在这个时期，学生可以利用各种机会，试探一些自己认为有兴趣的工作，以便真正了解自己的能力和兴趣适合哪些工作。

③职业规划。根据在前两个阶段里对自己兴趣、能力的了解以及对职业的认识，再辅以职业人员的咨询、辅导，学生可以制订一个职业规划，以为将来职业规划的依据。

④职业准备。根据自己的职业规划，学生可以选择适当的教育、训练机构来习得职业的

技能，如果学生想从事的工作仅需职业学校或专科学校的教育，他们就该进入高职或专科学校接受职业准备；如果学生有兴趣的工作需要学士或更高的学位，他们就该进入大学或更高的教育机构。

⑤就业安置与职业发展。学生职业准备阶段完成之后，学校及有关职业辅导机构，应辅导他们获得适当的职业。而在其就业之后，也应随时提供各种训练，以顺应技术的变化、工作的升迁、职业的转换。

职业规划的期限一般划分为短期规划、中期规划和长期规划：短期规划为三年以内的规划，主要是确定近期目标，规划近期完成的任务；中期目标一般为三至五年，在近期目标的基础上设计中期目标；长期目标其规划时间是五年至十年，主要设定长远目标。

下面为十个基本原则：

一是，清晰性原则：考虑目标措施清晰明确，实现目标的步骤直截了当；

二是，变动性原则：目标或措施具有弹性或缓冲性，能依据环境的变化而调整；

三是，一致性原则：主要目标与分目标一致，目标与措施一致，个人目标与组织发展目标是否一致；

四是，挑战性原则：目标与措施具有挑战性，不仅保持其原来状况；

五是，激励性原则：目标符合自己的性格、兴趣和特长，能对自己产生内在激励作用；

六是，合作性原则：个人的目标与他人的目标具有合作性与协调性；

七是，全程原则：拟定生涯规划时必须考虑到生涯发展的整个历程，作全程的考虑；

八是，具体原则：生涯规划各阶段的路线划分与安排，必须具体可行；

九是，实际原则：实现生涯目标的途径很多，在作规划时必须要考虑到自己的特质、社会环境、组织环境以及其他相关的因素，选择确定可行的途径；

十是，可评量原则：规划的设计应有明确的时间限制或标准、评定考量、检查，使自己随时掌握执行状况，并为规划提供参考的依据。

每个人都渴望成功，但并非都能如愿。了解自己、有坚定的奋斗目标，并按照情况的变化及时调整自己的计划，才有可能实现成功的愿望。这就需要进行职业规划的自我规划。

（2）职业规划的步骤。

①自我评估。自我评估包括对自己的兴趣、特长、性格的了解，也包括对自己的学识、技能、智商、情商的测试，以及对自己思维方式、思维方法、道德水准的评价等。自我评估的目的，是认识自己、了解自己，从而对自己所适合的职业和职业规划目标做出合理的抉择。

②职业规划机会的评估。职业规划机会的评估，主要是评估周边各种环境因素对自己职业规划发展的影响。在制订个人的职业规划时，要充分了解所处环境的特点、掌握职业环

境的发展变化情况、明确自己在这个环境中的地位以及环境对自己提出的要求和创造的条件等。只有对环境因素充分了解和把握，才能做到在复杂的环境中避害趋利，使你的职业规划具有实际意义。环境因素评估主要包括组织环境、政治环境、社会环境及经济环境。

③确定职业发展目标。俗话说："志不立，天下无可成之事。"立志是人生的起跑点，反映着一个人的理想、胸怀、情趣和价值观。在准确地对自己和环境做出了评估之后，我们可以确定适合自己、有实现可能的职业发展目标。在确定职业发展的目标时要注意自己性格、兴趣、特长与选定职业的匹配，更重要的是考察自己所处的内外环境与职业目标是否相适应，不能妄自菲薄，也不能好高骛远。合理、可行的职业规划目标的确立决定了职业发展中的行为和结果，是制订职业规划的关键。

④选择职业规划发展路线。在职业目标确定后，向哪一路线发展，如是走技术路线，还是管理路线，是走技术管理路线，还是先走技术路线、再走管理路线等，此时要做出选择。由于发展路线不同，对职业发展的要求也不同。因此，在职业规划中，必须对发展路线做出抉择，以便及时调整自己的学习、工作以及各种行动措施沿着预定的方向前进。

⑤制订职业规划行动计划与措施。在确定了职业规划的终极目标并选定职业发展的路线后，行动便成了关键的环节。这里所指的行动，是指落实目标的具体措施，主要包括工作、培训、教育、轮岗等方面的措施。对应自己行动计划可将职业目标进行分解，即分解为短期目标、中期目标和长期目标。分解后的目标有利于跟踪检查，同时可以根据环境变化制订和调整短期行动计划，并针对具体计划目标采取有效措施。职业规划中的措施主要指为达成既定目标，在提高工作效率、学习知识、掌握技能、开发潜能等方面选用的方法。行动计划要对应相应的措施，要层层分解、具体落实，细致的计划与措施便于进行定时检查和及时调整。

⑥评估与回馈。影响职业规划的因素很多，有的变化因素是可以预测的，而有的变化因素难以预测。在此状态下，要使职业规划行之有效，就必须不断地对职业规划执行情况进行评估。首先，要对年度目标的执行情况进行总结，确定哪些目标已按计划完成，哪些目标未完成。然后，对未完成目标进行分析，找出未完成原因及发展障碍，制订相应解决障碍的对策及方法。最后，依据评估结果对下年的计划进行修订与完善。如果有必要，也可考虑对职业目标和路线进行修正，但一定要谨慎考虑。

2. 职业规划设计书编写

职业规划设计一般从自我认知、职业认知及职业规划设计三个方面进行。

（1）自我认知。自我认识是发展个人职业规划的基础。只有认识了自己，才能使自己不去做根本办不到的事，而对适合自己的事付出持之以恒的努力。

（2）职业规划测评。人是有性格的，不同性格的有不同的性格取向。当然，性格是可以培养的。当你希望所从事的职业所需的角色特征与你的性格不相符合时，你就要充分利用大学期间这一人生最为重要的时期和环境培养自己良好的性格，提高自己的素质，为你未来的职业规划打下基础。

不同人的角色特征有以下几个方面：

①善辩、精力旺盛、独断、乐观自信、好交际、有支配愿望。

②为人友好、热情活跃、善解人意、外向直接、乐于助人。

③有责任心、计划性强、高效率、稳重踏实、细致、有耐心。

④有创造性、非传统的、敏感、易情绪化、较冲动、不服从指挥。

⑤坚持性强、有韧性、喜欢钻研、有好奇心、独立性强。

⑥感觉迟钝、不讲究、谦逊、踏实稳重、诚实可靠。

（3）职业取向。根据不同的性格，可将职业分成如下几种职业取向：

①现实型职业倾向。这类职业是喜欢使用工具机器，需要基本操作技能的工作。要求从业者对与物件机器运行、维护相关的职业有兴趣，有机械方面的知识、知识渊博，有学识才能，不善于领导他人。考虑问题理性，做事喜欢精确，喜欢逻辑分析和推理，不断探寻未知的领域。

性格与职业特征：做事手脚灵活，动作敏捷，具有较强的动手能力；喜欢户外活动与使用工具，通常喜欢与机械和工具打交道，而不愿与人打交道；在自我表达和向他人表达情感方面稍感困难，不擅长与人交际，思想较保守。

以上这类人的特点工作是善于开展富有创造性的工作。

②探索型职业倾向。这类职业是喜欢智力的、抽象的、分析的、独立的定向任务，要求具备智力或分析才能，并将其用于观察、估测、衡量、形成理论、最终解决问题的工作，并具备相应的能力，如技术员、设备安装、设备维护、电气安装、销售、设计服务、工程师、生产管理等。

性格与职业特征：常常对自然现象和规律很感兴趣，喜欢同"观念"而不是同人或事物打交道；抽象思维能力强，求知欲强，肯动脑，善思考，但有时不愿动手；一般具有较强的创新精神，而不愿循规蹈矩。

这类工作从业者富有创造力，乐于创造新颖、与众不同的成果，渴望表现自己的个性，实现自身的价值。做事理想化，追求完美，不重实际。具有一定的艺术才能和个性。善于表达、怀旧、心态较为复杂。

③艺术型职业倾向。这类职业是要求具备艺术修养、创造力、表达能力和直觉的工作，并将其用于语言、行为、声音、颜色表达出来，不善于事务性工作。如艺术方面（演员、导演、艺术设计师、雕刻家、建筑师、摄影家、广告制作人），音乐方面（歌唱家、作曲家、乐队指挥），文学方面（小说家、诗人、剧作家）。

性格与职业特征：喜欢以各种艺术形式的创作来表现自己的才能，实现自身的价值；想象力丰富，创造力很强，喜欢凭直觉做出判断；独立性、自主性较强；感情丰富，敏感，情绪易波动。

这类工作从业者喜欢与人交往、不断结交新的朋友、善言谈、愿意教导别人。关心社会问题、渴望发挥自己的社会作用。寻求广泛的人际关系，比较看重社会义务和社会道德。

④社会型职业倾向。这类职业是要求与人打交道的工作，能够不断结交新的朋友，从事提供信息、启迪、帮助、培训、开发等事务，并具备相应能力，如教育工作者（教师、教育行政人员），社会工作者（咨询人员、公关人员）。

性格与职业特征：往往有较强的社会责任感和人道主义倾向，喜欢参与解决人们共同关心的社会问题，和从事为他人服务和教育他人的工作；通常善于表达，善于与周围的人相处；一般喜欢与人而不是与事物打交道。

这类工作从业者追求权力、权威和物质财富，具有领导才能。喜欢竞争、敢冒风险、有抱负。为人务实，习惯以权利、地位、金钱等来衡量做事的价值，做事有较强的目的性。

⑤企业型职业倾向。这类职业要求具备经营、管理、劝服、监督和领导才能，以实现机构、政治／社会及经济目标的工作，并具备相应的能力，如项目经理、销售人员、营销管理人员、政府官员、企业领导、法官、律师。

性格与职业特征：精力充沛、热情洋溢、富于冒险精神、自信、支配欲强；追求权力、财富与地位，比较适合那些需要胆略、冒风险和承担责任的活动；往往不喜欢那些需要精耕细作以及长期智力劳动和复杂思维的工作。

（4）全面评估。人的自我评价有时具有片面性，需要结合你身边的同学、老师、亲戚、同学的评价，将自己的优点和缺点较全面地反映出来。

（5）自我认知小结。将各种方面对自己的评价进行归纳、分析和总结。

3. 职业认知

职业认知需要考虑的方面比较多，需要进行外部环境分析、目标职业分析、职业素质测评、SWOT分析，在此基础上，进行职业认知小结。只有这样，才能使自己的职业取向不再麻木。

外部环境分析包括家庭环境分析、学校环境分析、社会环境分析和目标地域分析。

（1）家庭环境分析。不同的家庭环境，与自己的性格和职业取向有着密切的关系。以下为某同学的家庭环境分析：作为家里的独生女，从小家人就比较宠爱。而且家里条件还可以，虽然不是很富有，但也是个小康家庭，没怎么吃过苦，连家务都不怎么做，且家人向来舍得花钱，因此不太懂得节省。家庭很幸福美满。

（2）学校环境分析。学校环境分析是学生对学校的总体印象。如：总体来说，学校还是比较令人满意的，学风还可以，学校环境也挺不错的，老师也都是很优秀的。

（3）社会环境分析。社会环境是学生职业取向的基础，每一位学生都必须正确认识到这一点。该同学是学国际经济与贸易专业的。在目前社会的环境下，这个专业是比较热门的，有着广阔的就业环境。但是也正由于这个职业的热门性，使得竞争比较激烈，行业内对学生的要求也比较高。

（4）目标地域分析。学生对职业目标地域的选取过程、考虑因素千差万别，但必须理性。某同学是这样思考的：目标地域就是我的家乡常州，工作单位离父母近些为好。常州挺发达的，生活水平也不错，我本身就很喜欢我的家乡，父母在那边人脉应该也比较多。

4.目标职业分析

对目标职业，应该弄清楚以下几个方面。

（1）目标职业的具体名称。比如银行的柜员，还有高柜和低柜之分。

（2）工作内容。比如高柜就是办理现金业务的，低柜就是办理非现金业务的。

（3）任职资格。高职院校的专业教学计划中，有依据培养目标而安排的各种资格与技能证书考核。当然，这些资格与技能证书可能与你的职业取向不相一致。在明确职业所需要的任职资格的情况下，可以利用学校提供的各种机会进行学习和考试。

（4）工作条件。各种职业都需要具有吃苦耐劳的精神，工作时间比较久，要有耐心，态度好。

（5）发展前景。这一点非常需要。有的职位，待遇比较好，但发展前景不大，或很难提升到更高的层次。有的职位，开始时比较辛苦，但发展前景较好。对此，应该结合自己的性格，眼光放长远，用辩证的思维看待职业。

（6）经济收入。这是一个不可回避的问题。不但要看每个月的基本工资多少、效益工资、加班工资等。还要看单位缴纳的保险品种及金额的多少。

5.职业素质测评

职业素质可以分为知觉型和思考型两类。不同的职业素质应选取不同的职业。

（1）知觉型。知觉型的人不喜欢研究新问题，只习惯于使用标准的解决问题的方法。对日常工作有耐心，而且做事准时无误，知觉型多半知足，绩效良好。在组织生活中专心执行任务，照章办事。许多底层工作都有经久不变的规定，甚至较为琐碎，知觉型的人适合做这种工作，他们只要运用最小的权限，就可解决问题，知觉型的人不愿意处理无法捉摸的问题，知觉型的人对在情况模糊时做出决定而感到不安。但不是说职位低者都是知觉型的。

知觉型的特点：

①喜欢寻求解决问题的规范做法；

②喜欢运用自己已有的技能，不喜欢学习新技能；

③通常是一直做完工作，不会留尾巴；

④如果事情变得复杂化了，会觉得不耐烦；

⑤不喜欢创新，也没有远大的抱负。

（2）思考型。思考型的人重思考不重感情，喜欢分析问题，把事情按逻辑次序排列；有时会训斥下属，显得有些铁石心肠，只与其他思考型的人相处得好，这一类型的人的活动和决策往往受知识情况的支配，并按照外界情况和一定的准则做出决策。尽量使解决问题的办法符合标准化，其结果将不考虑任何人的因素，不顾健康情况、不顾财力和家庭，即使对作为决策者本身的利益有影响也会一意孤行。思考型的作用如果显著的话，通常是富有建设性的。因为作用结果会出现新事物、新概念或新模式。

思考型的特点：

①做出计划并寻找解决问题的方法；

②非常注意对待问题的方式方法；

③谨慎地确定问题中有哪些制约因素；

④反复分析研究问题；

⑤有条不紊乱地寻找更多的信息。

（3）综合型。这种人兼有知觉型与思考型作风。该种作风的人着重了解外界情况和分析某个具体问题及其细节。喜欢从原因到结果一步一步地推理，注意逻辑性。愿与物质打交道，有时超出愿与人打交道。对迟迟未能解决的问题感到焦虑不安，在应对人际冲突时，缺乏敏感性，认为惩罚手段最有效。强调等级制度和现有短期目标。他们对处理组织中有关物质方面的事务感兴趣。这种作风的人认为组织有效性在于每个推销员的销售量，售出的每一块钱的库存费用，每一生产单位的废料损失，投入资本的回收率，短期利润。

综合型的特点：

① 喜欢按规范解决问题，直到做完本职工作；

② 不喜欢学习新技能，更不进行创新；

③ 会做出计划并寻找解决问题的方法；

④ 反复分析研究问题，确定问题中的有哪些制约因素；

⑤ 能有条不紊地寻找更多的信息。

6. 职业认知小节

在对职业认知做全面分析的基础上，对自己未来的职业取向有一个较为清晰的认识。

以下为某同学的职业认知小节。

①目前本人的专业是国际金融，在此次的职业规划中显示我比较很适合银行金融行业，加之此行业相当一部分职位要求要有耐性做一些一成不变的工作（如会计、国际结算、信贷等业务）；并且在目前中国的银行业中的升迁管道较为固定，我比较喜欢。

②银行金融业要求稳定胜于冒险，而个人的职业风格也偏向于这方面，这也说明了本人比较适合银行金融行业。

③本人的职业特征表明本人具有从事精细工作的耐心，比较喜欢那些需要长期从事智力劳动的工作。这也从另一方面表明本人比较适合从事如会计、柜台、信贷和结算等银行业务。

7. 确定目标和路径

人生应该是一个不断积累、不断上升、不断追求的过程。总体而言，应该有近期职业目标、中期职业目标和长期职业目标，同时针对不同的职业，规划自己的职业发展路径。

①近期职业目标的要求：努力提高自己的学习成绩，不断充实自己的知识，让自己变得更强。

②中期职业目标的要求：顺利进入一家单位，从基层做起，慢慢积累经验，不断提高自己的能力水平。

③长期职业目标的要求：能够在工作了一段时间后，使能力得到一定的提升后，职位也进一步升高。

④职业发展路径：从基层开始，经过不同的阶段，逐步上升，到达一个预定的目标。

8. 制订行动计划

有了一个目标，在熟悉目标的基础上，还必须有一个相应的行动计划。

①短期计划：可以将在高校学习期间的计划定为短期计划，并且非常重视这个计划的实施。例如，必须重视拿到什么样的从业资格证书，通过几级英语考试，学习几门外语、成绩达到一个什么样的班级名次等。

②中期计划：从基层做起，什么时期发展到什么程度。

③长期计划：不断努力，一步一步朝着管理层迈进。

9. 动态分析调整

计划定好固然好，但更重要的在于其具体实施并取得成效。这一点时刻都不能忘记。然而，现实是未知多变的。定出的目标计划随时都可能受到各方面因素的影响。这一点，每个人都应该有充分的心理准备。在遇到突发因素、不良影响时，要注意保持清醒冷静的头脑，不仅要及时面对、分析所遇问题，更应快速果断地拿出应对方案，对所发生的事情，积极采取措施，争取做出最好的纠正。

10. 备选职业规划方案

由于社会环境、家庭环境、单位环境、个人成长曲线等变化以及各种不可预测因素的影响，一个人的职业规划发展往往不是一帆风顺的。为了更好地把握人生，适应千变万化的职场世界，拟订一份备选的职业规划方案是十分必要的。

思考题

一、机电专业学习方法调查问卷

1. 你为何选择了现在的专业？（可多选，按重要程度排序）（　　　）

A. 个人兴趣　　B. 家长的安排　　C. 亲朋的意见　　D. 服从调剂

E. 社会需求（就业情况）　　F. 其他

2. 通过参与机电专业课的学习，你现在对所学专业的态度：（　　　）

A. 非常喜欢　　B. 不是很感兴趣，但为了毕业和就业坚持学习

C. 厌烦，放弃学习　　D. 其他

3. 如果可以从新选择，你会选择：（　　　）

A. 现在所学的专业　　B. 其他专业

4. 在机电专业学习中遇到困难时：（　　　）

A. 通过网络、图书等资源查阅资料，自己解决　　B. 求助于老师

C. 请教同学　　D. 置之不理

5. 你是否无故逃课、迟到、早退：（　　　）

A. 经常　　B. 有时　　C. 很少　　D. 从不

6. 你旷课的原因通常是（可多选，按重要程度排序）：（　　　）

A. 对专业不感兴趣　　B. 对课程不感兴趣　　C. 不喜欢老师的教学方式

D. 自己学习的效果更好　　E. 懒惰、贪玩、讨厌学习

7. 在大学阶段的学习中，你更愿意把时间花在：（　　　）

A. 专业学习　　B. 基础课学习　　C. 学习自己感兴趣的专业

D. 学习培养其他方面的能力（如社会工作、人际交往等）　　E. 玩耍享乐

8. 你如何对待考试：（　　　）

A. 平时积累　　B. 临阵磨枪　　C. 平时积累加期末复习　　D. 临场发挥

9. 你在机电专业学习过程中是否觉得吃力：（　　　）

A. 很吃力　　B. 吃力　　C. 很轻松

10. 你觉得所学的机电专业是否适合自己能力的发挥和潜能的发展？（　　　）

A. 是　　B. 否　　C. 中间状态

11. 你上课时通常的状态：（　　　）

A. 认真听讲　　B. 自己看书　　C. 做自己感兴趣的事情　　D. 其他

12. 你评价机电专业优劣的标准（可多选，按重要程度排序）：（　　　）

A. 是否容易就业　　B. 从业者的社会地位　　C. 符合个人兴趣　　D. 易出成就

13. 你选择职业的依据是（可多选，按重要程度排序）：（　　　）

A. 工资水平及福利待遇　　B. 升迁机会　　C. 发挥自己的特长

D. 提供进一步发展的机会　　E. 挑战性　　F. 稳定性　　G. 其他

二、你理想中的职业是什么，为什么？

参考文献

［1］邱士安.机电一体化技术［M］.西安：西安电子科技大学出版社，2008.

［2］张立勋.机电一体化系统设计基础［M］.北京：中央广播电视大学出版社，2008.

［3］廖红宜.机电技术类专业概论与职业导论［M］.广州：中山大学出版社，2009.

［4］刘和群.职业教育学［M］.广州：广东高等教育出版社，2004.

［5］傅道春.教育学［M］.北京：高等教育出版社，2000.

［6］张奇.学习理论［M］.武汉：湖北教育出版社，1998.